最適化の基礎

博士（工学）遠藤　靖典
工学博士　宮本　定明　共著

コロナ社

まえがき

　本書は，筑波大学理工学群工学システム学類3年を対象として開講している「システム最適化」において，筆者らが用いてきたテキストを補筆したものである。1章から3章は遠藤が，4章から6章は宮本が担当した。

　最適化の分野は長い歴史をもち，多くの研究が行われている。本書では，線形計画法，非線形計画法，組合せ最適化問題の3種類の最適化を扱うが，これらに関しても，理論面・実用面ともに非常に深化しており，関連文献も数多い。そこで本書では，前述のように大学3年への講義を念頭において，数理計画法におけるシンプレックス法，非線形計画法におけるラグランジュの未定乗数法，組合せ最適化におけるメタ戦略といった代表的な手法はもちろんだが，それらを裏付ける数学的定理についても，過不足なく，過度に詳細な記述にならないように配慮しつつ記述した。特に5章は，昨今のビッグデータ解析をはじめとした機械学習における重要性に配慮し，データ解析と最適化の関連を理論面から言及したものとして，本書の大きな特徴となっている。

　本書の章末問題には解答がついていない。これは，講義での演習として出題するため，という理由もあるが，わからなければ何回も本書を読み直して，解けるまで考えてほしいからである。解答がわからないと解く気がしない，ということはあろうが，本書を読めば解ける問題ばかりなので，ぜひ取り組んでほしい。

　本書を執筆するにあたり，適切なご助言をいただいただけでなく，執筆の遅れに対して忍耐強く接してくださったコロナ社に心から感謝する。

　2018年1月

遠藤 靖典・宮本 定明

目　　　次

1.　最　適　化

2.　線 形 計 画 法

3.　非線形計画法

4.　組合せ最適化問題

5. 最適化のデータ解析への応用

6. 補足：NP 完全性について

1 | 最　適　化

1.1 「最適化」の意味

本書の本題に入る前に，本書の題目である「最適化」について述べよう。
まず，「**最適**（optimal, optimum）」を辞書で引くと

> （名詞・形容動詞）最も適している・こと（さま）。　　　（大辞林，三省堂）

と出る。「化」は

> （接尾）主に漢語の名詞に付いて，そういう物，事，状態に変える，または
> 変わるという意を表す。　　　（大辞林，三省堂）

なので，それらから考えると「**最適化**（optimization）」は

> 最も適している物，事，状態に変える，または変わる。

という意味になりそうだが，「最適化」を改めて辞書で引くと

> システム工学などで，ある目的に対し最も適切な計画を立て設計すること。
> また，そのような選択を行うこと。　　　（大辞林，三省堂）

と出てくる。つまり「最適化」の対象は，対象をシステム工学をはじめとした
工学に限定されており，ここでいう「適切」とは，対象が一般的な工学の場合，

「高効率」の意味で解される。ひるがえって工学的な立場からみると,「最適化」は「システムを最適化すること」の意味で用いられており,「システム最適化」の略としての「最適化」といっても過言ではない。すなわち**本書の目的は「システムを最適化する手法」について説明**することである。

そこでまず,「最適化」についてもう少し詳細に述べる。

ここで,一般的な工学における「最適化」について,いくつか注意しておこう。

まず第一に,最適化は必ずしも**定式化**(formulation)されるとは限らない。例として例 1.1 を挙げよう。

例 1.1

1. ある工場で,品質管理のためにいくつかの工夫を行ったところ,統計的に明らかな効率改善がみられた。これは,定式化されない最適化の一種である。

2. 熟練したプログラマーは,処理系の性質を考慮して,計算効率がよいようにプログラミングを行う。

第二に,最適化の定式化にはさまざまな種類がある,すなわち,いわゆる最適化問題のカテゴリーに属さないものも多い。例として例 1.2 を挙げよう。

例 1.2

1. プログラムをコンパイル時に最適化(効率化)することができる。

2. アルゴリズムにおける最適性:n 個のデータをソーティングする際,ヒープソートの計算量は $O(n \log n)$ である。しかもこれよりオーダーを低くすることはできない。よって,$O(n \log n)$ は最適なオーダーである。

3. ニューラルネットワークなどの学習では,最適性の概念が explicit(明示的)あるいは implicit に使われている場合がよくある。ホップフィールドネットワークは前者の例であり,バックプロパゲーショ

ンによる学習は後者の例である。

　第三に，最適化問題には，時間を表す変数が明示的にはいらない**静的**（static）な最適化問題と時間を表す変数が明示的に含まれる**動的**（dynamic）な最適化問題がある。

　では「最適化」に出てくる「システム工学」とはなにかというと，やはり辞書によれば

> ある目的のための組織体系であるシステムの分析・開発・設計・運用などを合理的に行うための総合的技術。　　　　　　　（大辞泉，小学館）

である。細かくいえば，分析・開発・設計はシステム工学，運用はオペレーション・リサーチという分野になるが，それらをまとめてシステム工学といって差し支えない。

　一般的な工学の枠で最適化を論じるときには，前述の「最適化」の意味で用いられるが，システム工学という限定した枠の中ではより狭義，すなわち「最大化」または「最小化」の意味で用いられることが多い。

　本書で扱う最適化も，与えられた問題に対する**最大化**（maximization），または**最小化**（minimization）について述べる。すなわち，本書ではまずある問題が与えられ，その問題を与えられた条件下で最大化，または最小化するための方法について説明していく。与えられる問題の最大化，または最小化について述べるので，問題は数学の語法，すなわち関数の形で記述されている必要があり，結果として，最適化で述べられることは

> 与えられた関数を，与えられた条件下で，最大化または最小化するための数学的方法

となる。「与えられた関数を，与えられた条件下で，最大化または最小化する」問題を**最適化問題**（optimization problem）という。ではつぎに，最適化問題を考えていくために必要な数学の記号と記述について説明していこう。

1.2　最適化問題の記述

ここでは，本書を読み進めていくのに必要な数学の記号と，最適化問題の記述について説明する。

1.2.1　記　　　　号

以下，本書で用いる基本的な記号について列挙しておく。

- $\Re^n$：n 次元ユークリッド空間を表す。他に $\Re^m$, $\Re^p$ などを用いる。

- x：$\Re^n$ の要素，すなわち $x \in \Re^n$ である。成分は $\top$ を転置記号として，つぎのように表す。

$$\boldsymbol{x} = (x_1, \ldots, x_n)^\top = \begin{pmatrix} x_1 \\ \vdots \\ x_n \end{pmatrix}$$

- $f(\boldsymbol{x}), g(\boldsymbol{x})$：$\boldsymbol{x}$ の実数値関数，すなわち $f(\boldsymbol{x}) \in \Re, g(\boldsymbol{x}) \in \Re$ である。一般に，h が空間 X で定義され，空間 Y に値をとる写像のとき，$h : X \to Y$ と書く。したがって，$f : \Re^n \to \Re$, $g : \Re^n \to \Re$ である。$f(\boldsymbol{x})$ は後に述べる目的関数あるいは評価関数，$g(\boldsymbol{x})$ は制約関数の意味で用いられることが多い。

- $F(\boldsymbol{x}), G(\boldsymbol{x})$：ベクトルの値あるいは行列の値をとる関数。これに対して前述の $f(\boldsymbol{x}), g(\boldsymbol{x})$ はスカラー値の値をとる関数である。

- ∇f：f のグラディエント（gradient）を表す。ここで ∇ はナブラという。行ベクトルであることに注意する。

$$\nabla f = \left(\frac{\partial f}{\partial x_1}, \ldots, \frac{\partial f}{\partial x_n} \right)$$

- $\nabla^2 f$：f のヘッセ行列（Hessian matrix）を表す。ラプラシアンではないことに注意する。

$$\nabla^2 f = \left(\frac{\partial^2 f}{\partial x_i \partial x_j}\right) = \begin{pmatrix} \dfrac{\partial^2 f}{\partial x_1^2} & \cdots & \dfrac{\partial^2 f}{\partial x_1 \partial x_n} \\ \vdots & \ddots & \vdots \\ \dfrac{\partial^2 f}{\partial x_n \partial x_1} & \cdots & \dfrac{\partial^2 f}{\partial x_n^2} \end{pmatrix}$$

- $\|\boldsymbol{x}\|$：$x \in \Re^n$ のユークリッドノルムを表す。すなわち

$$\|\boldsymbol{x}\| \stackrel{\text{def}}{=} \sqrt{x_1^2 + \cdots + x_n^2} = \sqrt{\sum_{i=1}^{n} x_i^2}$$

ここで，$\stackrel{\text{def}}{=}$ は「左辺を右辺と定義する」という意味の記号である。

1.2.2 最適化問題の記法

前述のように，最適化問題とは「与えられた関数を，与えられた条件下で，最大化または最小化する」問題である。「与えられた関数」を**目的関数** (objective function) といい，「与えられた条件」を**制約条件** (constraint)，制約条件を表す関数を**制約関数** (constraint function) という。目的関数を f，制約関数を g_i $(i = 1, \dots, m)$, h_j $(j = 1, \dots, l)$ としたとき，最適化問題は

制約条件 $g_i(\boldsymbol{x}) \leqq 0$ $(i = 1, \dots, m)$ および $h_j(\boldsymbol{x}) = 0$ $(j = 1, \dots, \ell)$ のもとで，目的関数 $f(\boldsymbol{x})$ を最小化（または最大化）せよ。

となる。ただし，「$f(\boldsymbol{x})$ の最大化」は，$f(\boldsymbol{x})$ の符号を変えることにより，「$-f(\boldsymbol{x})$ の最小化」と変換できるので，一般に最適化問題を考えるときには，最大化と最小化のどちらかを考えればよい。そこで以下，本書では特に明記しない場合，最小化の場合の最適化問題について述べることとし，最適化問題の表現として，以下の 3 種類を扱う。

(P1) 目的関数の最小化を

$$\text{minimize} \quad f(\boldsymbol{x})$$

$$f(\boldsymbol{x}) \to \min$$

と，制約条件を

$$\text{subject to} \quad g_i(\boldsymbol{x}) \leqq 0 \qquad (i = 1, \ldots, m)$$
$$h_j(\boldsymbol{x}) = 0 \qquad (j = 1, \ldots, \ell)$$

や

$$\text{Constraints:} \quad \begin{cases} g_i(\boldsymbol{x}) \leqq 0 & (i = 1, \ldots, m) \\ h_j(\boldsymbol{x}) = 0 & (j = 1, \ldots, \ell) \end{cases}$$

と表現する。例えば

$$\begin{aligned} &\text{minimize} \quad f(\boldsymbol{x}) \\ &\text{subject to} \quad g_i(\boldsymbol{x}) \leqq 0 \qquad (i = 1, \ldots, m) \\ &\qquad\qquad\quad h_j(\boldsymbol{x}) = 0 \qquad (j = 1, \ldots, \ell) \end{aligned}$$

$$\begin{aligned} &f(\boldsymbol{x}) \to \min \\ &\text{subject to} \quad g_i(\boldsymbol{x}) \leqq 0 \qquad (i = 1, \ldots, m) \\ &\qquad\qquad\quad h_j(\boldsymbol{x}) = 0 \qquad (j = 1, \ldots, \ell) \end{aligned}$$

である。

(P2) 集合 X を用いて

$$\min_{\boldsymbol{x} \in X} f(\boldsymbol{x})$$
$$X = \{\boldsymbol{x} \in \Re^n \mid g_i(\boldsymbol{x}) \leqq 0,\ h_j(\boldsymbol{x}) = 0,$$
$$i = 1, \ldots, m,\ j = 1, \ldots, \ell\}$$

と表現する。

(P2) の X を実行可能領域 (feasible region) あるいは実行可能集合 (feasible set) と呼ぶ。

$X \neq \emptyset$（X は空集合でない）のとき，最適化問題は**実行可能**（feasible）とい
い，$X = \emptyset$（X は空集合）のとき，最適化問題は**実行不可能**（infeasible）とい
う。X の点を**実行可能解**（feasible solution）という。

1.2.3 大域的最適解と局所的最適解

上の最適化問題の**最適解**（optimal solution, optimum solution）$\boldsymbol{x}^*$ は

$$\boldsymbol{x}^* \in X$$

かつ

$$f(\boldsymbol{x}^*) \leq f(\boldsymbol{x}), \quad \forall \boldsymbol{x} \in X$$

をみたす点のことである。このような点が X に存在するとき，「この最適化問
題には最適解が存在する」という。また，最適解 $\boldsymbol{x}^*$ を「最小化（minimize）す
る要素（argument）が $\boldsymbol{x}^*$」という意味で

$$\boldsymbol{x}^* = \arg \min_{\boldsymbol{x} \in X} f(\boldsymbol{x})$$

と書くことができる。最大化の場合

$$\boldsymbol{x}^* = \arg \max_{\boldsymbol{x} \in X} f(\boldsymbol{x})$$

となる。

先に述べた性質（$f(\boldsymbol{x}^*) \leq f(\boldsymbol{x})$, $\forall \boldsymbol{x} \in X$）をもつ最適解 $\boldsymbol{x}^*$ は，つぎに述べ
る局所的最適解と区別するために，**大域的最適解**（global optimal solution）と
呼ばれる。

ある解 $\tilde{\boldsymbol{x}}$ が**局所的最適解**（local optimal solution）であるとは，解 $\tilde{\boldsymbol{x}} \in X$ に対
して，$\tilde{\boldsymbol{x}}$ の開近傍 $B(\tilde{\boldsymbol{x}}; r)$（$\tilde{\boldsymbol{x}}$ を中心とする半径 $r > 0$ の開球 $B(\tilde{\boldsymbol{x}}; r) = \{x \in
\Re^n : \|\boldsymbol{x} - \tilde{\boldsymbol{x}}\| < r\}$）が存在して

$$f(\tilde{\boldsymbol{x}}) \leq f(\boldsymbol{x}), \quad \forall \boldsymbol{x} \in B(\tilde{\boldsymbol{x}}; r) \cap X$$

を満たすことをいう。簡単にいえば，局所最適解であるとは，$\tilde{x}$ の十分近くに限れば，この解が最適であるということである。図 **1.1** では，x^* は大域的最適解，x^* と $\tilde{x}$ は局所最適解である。

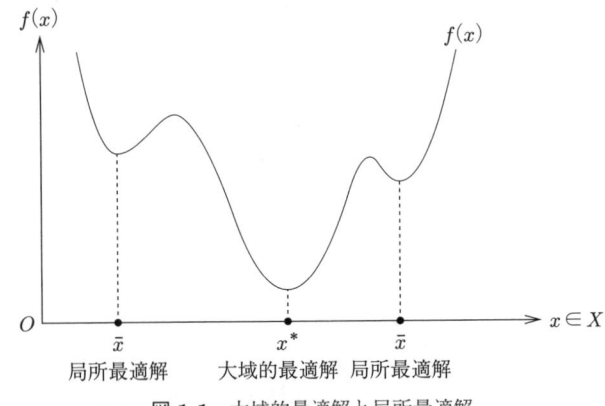

図 **1.1**　大域的最適解と局所最適解

1.2.4　数 理 計 画 法

最適化問題における最適解を求める方法を**数理計画法**（mathematical programming）という。数理計画法については G. B. Dantzig（小山昭雄訳）の「線型計画法とその周辺」[2][†] に大変よい説明があるので，やや長くなるが引用しよう。

> 産業における生活活動，経済の資源の流れ，線上における軍事力の発揮など，これらはすべて，相互に関連した多くの活動の複合体である。達成すべき目標とか，含まれる特殊な工程，あるいは努力の大きさ等にはさまざまな違いはあるだろう。にもかかわらず，これらの外見上はまったく異なって食えるシステムも，管理という面から見れば，根底には本質的な類似性があり，それを取り出すことは可能である。そのためには，為すべき行動，その時期，その数量についての（"計画" あるいは "スケジュール" とよばれる）記録をつくり，それによって，システムを所与の状態から定められ

---

† 肩付数字は巻末の引用・参考文献を示す。

た目的に向かって移行させるために，システムの構造と状態を調べ，達成すべき目的を設定する必要がある。

もしもそのシステムが，数学的モデルと呼ばれる数学的に同値な体系によって表現できる構造をもち，さらに達成すべき目的も数式で表現できるならば，いくつかの代替案の中から最善の行動スケジュールを選ぶための何らかの計算方法を見つけることができるであろう。こういった形で数学的モデルを使うことを数理計画法とよぶのである。

つぎに，最適化問題の分類と数学との関連について説明しよう。

1.3 最適化問題の分類と数学との関連

最適化問題は，目的関数の性質，制約条件の有無などによって，いくつかに分類できる。

まず，目的関数の連続・離散に着目すると，以下のような分類となる。

- **連続的最適化問題**（continuous optimization problem）：変数が連続的な値を取る。
- **離散的最適化問題**（discrete optimization problem）：変数が整数や 0，1 のような離散的な値を取る。**組合せ最適化問題**（combinatorial optimization problem）ともいう。グラフ理論，アルゴリズム理論，計算理論と関連する。

また，目的関数の時間変化に着目した分類は以下の通りである。

- **静的最適化問題**（static optimization problem）：時間を表す変数が明示的には入らない。
- **動的最適化問題**（dynamic optimization problem）：時間を表す変数が明示的に含まれる。力学に応用される変分法や最適制御と関連する。

がある。

目的関数のみならず，制約条件にも着目すると以下のような分類となる。

- **制約なし最適化問題**（unconstrained optimization problem）：制約条件がない。そのため問題は

$$\text{minimize } f(\boldsymbol{x}), \quad \boldsymbol{x} \in \Re^n$$

あるいは

$$\min_{\boldsymbol{x} \in \Re^n} f(\boldsymbol{x})$$

となる。目的関数が線形の場合，制約条件がないと，目的関数はいくらでも小さく，または大きくできるので，制約なし最適化問題の場合，目的関数は非線形関数となる。解析学が基礎となる。

- **制約付き最適化問題**（constrained optimization problem）：制約条件がある。これはさらに，以下に分類できる。

    - **線形計画問題**（linear problemming problem）：目的関数と制約関数のすべてが線形である。線形計画問題を解く方法を**線形計画法**（linear programming, LP）という。線形代数が基礎となる。

    - **非線形計画問題**（nonlinear problemming problem）：目的関数，または制約関数の一部，もしくはそのすべてが非線形である。非線形計画問題を解く方法を**非線形計画法**（nonlinear programming, NLP）という。解析学が基礎となる。

本書では静的最適化問題を対象とした線形計画法，非線形計画法，組合せ最適化について述べる。

章　末　問　題

【1】　$f : \Re \to \Re$ を目的関数，$g_1(x), g_2(x)$ を制約関数としたとき，つぎの最適化問題の最適解を求めよ。ない場合は「なし」と記せ。

(1)　minimize　$f(x) = x^2$

　　subject to　$g_1(x) = x - 2 \leqq 0$

$$g_2(x) = -x + 1 \leqq 0$$

(2)　maximize　$f(x) = x^2$

　　subject to　$g_1(x) = x - 1 < 0$

　　　　　　　$g_2(x) = -x \leqq 0$

(3)　minimize　$f(x) = x^2$

　　subject to　$g_1(x) = x - 1 < 0$

　　　　　　　$g_2(x) = -x \leqq 0$

(4)　minimize　$f(x) = \dfrac{1}{x}$

　　subject to　$g_1(x) = x - 1 \leqq 0$

　　　　　　　$g_2(x) = -x \leqq 0$

　　　　　　　$x \neq 0$

(5)　minimize　$f(x) = \dfrac{1}{x}$

　　subject to　$g_1(x) = x - 1 \leqq 0$

　　　　　　　$g_2(x) = -x - 1 \leqq 0$

　　　　　　　$x \neq 0$

【2】　以下の目的関数

$$f(x) = \frac{1}{4}x^4 - \frac{5}{3}x^3 + 3x^2$$

について $\min_{x \in \Re} f(x)$ を考える。局所最適解をすべて求めよ。

2 線 形 計 画 法

　線形計画法で扱う最適化問題では，目的関数も制約関数も線形である。すなわち，対象とするシステムが，線形性のもつ性質である比例性や加法性といった性質を満たしている必要がある。しかし，現実のシステムがそのような線形計画問題として表現されることはきわめてまれであり，問題を線形計画法に落とし込む際には，システムが実際にもつある種の性質を簡略化し，線形に落とし込む必要がある。この「無視できるものは無視する」というルールは，工学においては非常に重要な考え方である。

2.1　生産計画問題と栄養問題

　まず，生産計画問題と栄養問題という，二つの例題を紹介しよう。この二つの例題は，線形計画問題の基本的な形をしており，よく取り上げられるので，本章では折に触れ，この例題 2.1 とつぎの例題 2.2 を取り上げて説明していく。

例題 2.1　（生産計画問題（production planning problem））
　ある企業では，2 種類の原料 R_1, R_2 を使って 2 種類の製品 P_1, P_2 を生産している。ただし，原料と製品の間に以下の関係がある。

1. 原料 R_1 は 20 単位，原料 R_2 は 15 単位使うことができる。
2. 製品 P_1 を 1 単位生産するためには，原料 R_1 が 2 単位，原料 R_2 が 4 単位必要である。また，製品 P_2 を 1 単位生産するためには，原料 R_1 が 5 単位，原料 R_2 が 1 単位必要である。

3. 製品 P_1 を1単位生産すれば3単位の利益が得られ，製品 P_2 を1単位生産すれば4単位の利益が得られる。

総利益が最大となるようにするには，製品 P_1, P_2 をそれぞれ何単位生産すればよいか。

例題 2.1（生産計画問題）を最適化問題に定式化しよう。P_1, P_2 の生産量をそれぞれ x_1, x_2 単位とする。

総利益： $3x_1 + 4x_2 \to \max$

資源の制約 1： $2x_1 + 5x_2 \leqq 20$

資源の制約 2： $4x_1 + x_2 \leqq 15$

よって，つぎの最適化問題を得る。

$$\text{maximize} \quad 3x_1 + 4x_2 \tag{2.1}$$

$$\text{subject to} \quad 2x_1 + 5x_2 \leqq 20 \tag{2.2}$$

$$4x_1 + x_2 \leqq 15 \tag{2.3}$$

$$x_1 \geqq 0, \quad x_2 \geqq 0 \tag{2.4}$$

例題 2.2　（栄養問題（diet problem））

ある農場で飼っている家畜には，2種類の栄養素 N_1, N_2 が必要である。使用している飼料は F_1, F_2 の2種類である。ただし，栄養素と飼料の間に以下の関係がある。

1. 家畜には栄養素 N_1 が16単位，栄養素 N_2 が24単位必要である。

2. 1単位の飼料 F_1 には，栄養素 N_1 が4単位，栄養素 N_2 が2単位含まれている。また，1単位の飼料 F_2 には，栄養素 N_1 が3単位，栄養素 N_2 が7単位含まれている。

3. 1単位の飼料 F_1 の価格は4単位であり，1単位の飼料 F_2 の価格は5単位である。

栄養素 N_1, N_2 の必要量を満たし，総コストが最小になる飼料 F_1, F_2 はそれぞれ何単位か。

F_1, F_2 の量をそれぞれ y_1, y_2 単位とする。

$$\text{総コスト：} \quad 4y_1 + 5y_2 \to \min$$
$$\text{栄養素 1 の必要量：} \quad 4y_1 + 3y_2 \geq 16$$
$$\text{栄養素 2 の必要量：} \quad 2y_1 + 7y_2 \geq 24$$

よって，つぎの最適化問題を得る。

$$\text{minimize} \quad 4y_1 + 5y_2 \tag{2.5}$$
$$\text{subject to} \quad 4y_1 + 3y_2 \geq 16 \tag{2.6}$$
$$2y_1 + 7y_2 \geq 24 \tag{2.7}$$
$$y_1 \geq 0, \quad y_2 \geq 0 \tag{2.8}$$

　これらの問題は，目的関数・制約関数ともに線形である場合に相当する。すなわち，線形計画問題である。

　2.2 節以降で線形計画問題の解法について説明していくが，同時に例題 2.1, 2.2 の解答ともなっているので，本章の学習後に改めて見直してほしい。

2.2　図 的 解 法

　線形計画法のうち，最もプリミティブな解法は，問題をグラフによって解く手法である。

　例題 2.1 をグラフを描くことによって解いてみよう。制約条件の式 (2.2), (2.3), (2.4) を x_1-x_2 平面上に描くと，**図 2.1** の領域 X が得られる。また，目的関数は同じ図上で動く直線 ℓ となり，目的関数の値は x_2 切片に比例する。

　直線 ℓ が X の頂点 O, A, B, C を通る場合を調べればよい。O, A, B と動くに従って，x_2 切片は増加する。また，B から C に移動すると目的関数は減少するので B で最適となるのは明らかである。

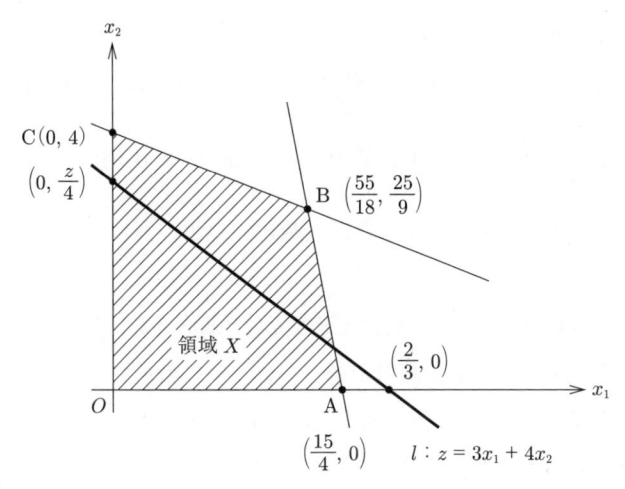

図 2.1 例題 2.1 の解を示す図

しかし，図的解法が使える場合は，せいぜい 2 変数の線形計画問題まであり，変数の数がそれより多くなると使えなくなる。したがって，より汎用的な解法が必要となる。

その詳細は次節以降で述べるとして，その簡単な考え方だけを図 2.1 を用いて述べよう。いま，制約条件の式 (2.2), (2.3) に，新たに補助的な変数（後で述べるスラック変数）x_3, x_4 ($x_3 \geqq 0$, $x_4 \geqq 0$) を追加し，式 (2.2), (2.3) を等式に置き換える。いいかえれば，式 (2.2), (2.3) の右辺と左辺との差を変数 x_3, x_4 で代表させる。したがって

$$\text{maximize} \quad 3x_1 + 4x_2 + 0x_3 + 0x_4 \tag{2.9}$$

$$\text{subject to} \quad 2x_1 + 5x_2 + \quad x_3 \qquad = 20 \tag{2.10}$$

$$4x_1 + \quad x_2 \qquad + \quad x_4 = 15 \tag{2.11}$$

$$x_j \geqq 0 \quad (j = 1, \ldots, 4) \tag{2.12}$$

つぎのことに注意しよう。

1. 原点 O では，$x_1 = x_2 = 0$ となる。また，補助変数は $x_3 = 20$, $x_4 = 15$ となり，右辺に等しい。

2. 頂点 A では，$x_2 = x_4 = 0$ であり，x_1 と x_3 は正の値である。

3. 頂点 B では，$x_3 = x_4 = 0$ であり，x_1 と x_2 は正の値である。

要するに，頂点 O → A → B と移動するごとに，(x_1, x_2, x_3, x_4) が

$$(0, 0, 20, 15) \to (正値, 0, 正値, 0) \to (正値, 正値, 0, 0)$$

と，0 の値をとる変数と正の値をとる変数が一つずつ入れ替わっている。このように

1. 0 になる変数（非基底変数）と正の変数（基底変数）を一つずつ入れ替え

2. 入れ替えるごとに目的関数が減少（あるいは増加）するようにし

3. 目的関数がそれ以上減少（あるいは増加）させられるかどうか判定を行う

アルゴリズムが線形計画法では用いられる。このアルゴリズムによる解法をシンプレックス法（simplex method）と呼ぶ。シンプレックス法の詳細については 2.5 節で説明する。

2.3 標準形と行列表現

2.3.1 標準形への変換

解きたい問題を線形計画問題に記述したとき，一般的には制約条件に異なる向きの不等号が混在していたり，制約条件のない変数が存在するため，そのままでは数学的な取り扱いが困難である。そこでまず，線形計画問題の一般形を不等号の向きを揃えた**正準形**（canonical form）に変換し，その後，新たな変数を問題の本質が変わることのないように導入することで，不等式の制約条件や制約のない変数を等式の制約条件に変換し，問題の取り扱いを容易にする。この新たな変数を導入することで等式の制約条件に変換された線形計画問題を**標準形**（standard form）という。

もう少し詳しく記述しよう。まず，最初に与えられる線形計画問題については，以下の条件が必要になる。

- 目的関数，制約関数ともに線形。すなわち，目的関数は

$$f(\boldsymbol{x}) = \sum_{j=1}^{n} c_j x_j$$

制約関数は

$$g_i(\boldsymbol{x}) = \sum_{j=1}^{n} g_{ij} x_j - \alpha_i \qquad (i = 1, \ldots, m)$$

$$h_k(\boldsymbol{x}) = \sum_{j=1}^{n} h_{kj} x_j - \beta_k \qquad (k = 1, \ldots, \ell)$$

の形となる。ここで，$x_j, c_j, g_{ij}, h_{kj}, \alpha_i, \beta_k \in \Re$ である。

- 目的関数は「最大化」または「最小化」。
- 制約条件は「=」「≦」「≧」のいずれか。「>」「<」は不可。
- 変数の正負は「0 以上」「0 以下」，または「制約なし」のいずれか。「>」「<」は不可。

この条件すべてを満たす問題だけを対象とする。

さて，この形の線形計画問題は，目的関数は最大化もあれば最小化もあり，不等号の向きはそろっておらず，変数の正負もそろわなかったり，あったりなかったりで，このままでは扱いにくい。そこでまず，目的関数の最適化と目的関数・制約関数の不等号の向き，変数の正負を以下の方法でそろえる。

- **目的関数**

  最小化の場合はそのままでよい。最大化の場合は，目的関数の符号を変える。すなわち

$$f(\boldsymbol{x}) \to \max \Longrightarrow -f(\boldsymbol{x}) \to \min$$

  とし，$-f(\boldsymbol{x})$ を新しい目的関数とする。

- **制約条件の不等号と変数の正負**

$$g_i(\boldsymbol{x}) \geqq 0 \Longrightarrow -g_i(\boldsymbol{x}) \leqq 0$$

$$x_j \leqq 0 \Longrightarrow -x_j \geqq 0$$

のように，制約条件は左辺が右辺以下，変数は 0 以上になるように制約
関数や変数の符号を変え，それを新しい制約関数や変数とする。

これにより，最初の線形計画問題はつぎの形に統一される。

正準形

$$\text{minimize} \quad \sum_{j=1}^{n} c_j x_j$$

$$\text{subject to} \quad \sum_{j=1}^{n} g_{ij} x_j \leqq \alpha_i \qquad (i = 1, \ldots, m)$$

$$\sum_{j=1}^{n} h_{kj} x_j = \beta_k \qquad (k = 1, \ldots, \ell)$$

$$x_{j_p} \geqq 0 \qquad (j_p = 1, \ldots, n_p \leqq n)$$

ただし，制約条件の左辺にある定数項は右辺に移項させた。この形を**正準形**
（canonical form）と呼ぶ。

さて，正準形では，すべての変数が非負の条件をもつとは限らない。しかし，
汎用的に扱うためには，すべての変数に同じ非負の条件があった方がよい。そ
こで，非負の条件をもたない変数 x_j に関しては，x_j に代えて二つの非負の変
数 x_j^+, x_j^- を導入し，この 2 変数の差で x_j を表す。すなわち

$$x_j = x_j^+ - x_j^-$$
$$x_j^+ \geqq 0, \ x_j^- \geqq 0$$

これにより，すべての変数に非負の条件が設けられ，正準形はつぎの形に変換
される。

不等式標準形

$$\text{minimize} \quad \sum_{j=1}^{n'} c_j' x_j$$

$$\text{subject to} \quad \sum_{j=1}^{n'} g_{ij}' x_j \leqq \alpha_i \qquad (i = 1, \ldots, m)$$

$$\sum_{j=1}^{n'} h'_{kj}x_j = \beta_k \qquad (k = 1, \ldots, \ell)$$

$$x_j \geqq 0 \qquad (j = 1, \ldots, n')$$

この形を**不等式標準形**（inequality standard form）と呼ぶ。

さて，不等式標準形には不等式の制約条件があるが，制約条件が等式の方が扱いやすいことはいうまでもない。そこで，不等式標準形の不等式制約条件に関しては，非負の補助変数 z_i を導入し，この変数を不等式制約条件の左辺に加えることにより，等式制約条件に変換する。すなわち

$$\sum_{j=1}^{n'} g'_{ij}x_j + z_i - \alpha_i = 0 \qquad (i = 1, \ldots, m)$$
$$z_i \geqq 0$$

このときに導入した z_i を**スラック変数**（slack variable）という。これにより，すべての不等式制約条件は等式制約条件となり，不等式標準形はつぎの形に変換される。

等式標準形

$$\text{minimize} \quad \sum_{j=1}^{n'} c'_j x_j \tag{2.13}$$

$$\text{subject to} \quad \sum_{j=1}^{n'} g'_{ij}x_j + z_i = \alpha_i \qquad (i = 1, \ldots, m) \tag{2.14}$$

$$\sum_{j=1}^{n'} h'_{kj}x_j = \beta_k \qquad (k = 1, \ldots, \ell) \tag{2.15}$$

$$x_j \geqq 0 \qquad (j = 1, \ldots, n') \tag{2.16}$$

$$z_i \geqq 0 \qquad (i = 1, \ldots, m) \tag{2.17}$$

この形を**等式標準形**（equality standard form）と呼ぶ。

2.3.2 等式標準形の行列形式による表現

ここではベクトルと行列を使って，等式標準形をより一般的な表現で記述してみよう。まず，以下のベクトルを定義する。

$$\boldsymbol{x} = (x_1, \ldots, x_{n'})^\top$$

$$\boldsymbol{z} = (z_1, \ldots, z_m, \overbrace{0, \ldots, 0}^{\ell})^\top$$

$$\boldsymbol{b} = (\alpha_1, \ldots, \alpha_m, \beta_1, \ldots, \beta_\ell)^\top$$

$$\boldsymbol{c} = (c'_1, \ldots, c'_{n'})^\top$$

また，以下の $(m+l) \times n'$ 行列を定義する。

$$A = \begin{pmatrix} g'_{11} & \cdots & g'_{1n'} \\ \vdots & \ddots & \vdots \\ g'_{m1} & \cdots & g'_{mn'} \\ h'_{11} & \cdots & h'_{1n'} \\ \vdots & \ddots & \vdots \\ h'_{\ell 1} & \cdots & h'_{\ell n'} \end{pmatrix}$$

これらのベクトル・行列を用いると，前述の等式標準形は以下のように簡潔に記述できる。

$$
\begin{aligned}
&\text{minimize} \quad c^\top \boldsymbol{x} \\
&\text{subject to} \quad A\boldsymbol{x} + \boldsymbol{z} = \boldsymbol{b} \\
&\qquad\qquad\quad \boldsymbol{x} \geqq \boldsymbol{0} \\
&\qquad\qquad\quad \boldsymbol{z} \geqq \boldsymbol{0}
\end{aligned}
$$

ここで，$\boldsymbol{x} \geqq \boldsymbol{0}, \boldsymbol{z} \geqq \boldsymbol{0}$ は，それぞれのベクトルの成分がすべて非負という意味である。

さらに，元の変数とスラック変数を一つのベクトルとして表すと，より簡潔な形に表現できる。すなわち，以下の $(n'+m)$ 次元ベクトル $\boldsymbol{x'}, \boldsymbol{c'}$ と $(m+l) \times (n'+m)$

行列 A':

$$\boldsymbol{x}' = (x_1, \ldots, x_{n'}, z_1, \ldots, z_m)^\top$$

$$\boldsymbol{c}' = (c'_1, \ldots, c'_{n'}, \overbrace{0, \ldots, 0}^{m})^\top$$

$$A' = \begin{pmatrix} g'_{11} & \cdots & g'_{1n'} & 1 & \cdots & 0 \\ \vdots & \ddots & \vdots & \vdots & \ddots & \vdots \\ g'_{m1} & \cdots & g'_{mn'} & 0 & \cdots & 1 \\ h'_{11} & \cdots & h'_{1n'} & & & \\ \vdots & \ddots & \vdots & & \mathbf{0} & \\ h'_{\ell 1} & \cdots & h'_{\ell n'} & & & \end{pmatrix}$$

を用いて

> minimize $\boldsymbol{c}'^\top \boldsymbol{x}'$
>
> subject to $A'\boldsymbol{x}' = \boldsymbol{b}$
>
> $\qquad\qquad \boldsymbol{x}' \geqq \boldsymbol{0}$

の形に表現できる。つまり，線形計画問題は，元の変数とスラック変数を区別しなければ，形式的には等式標準形に帰着できる。

それでは，例題 2.1（生産計画問題）と例題 2.2（栄養問題）を，標準形および行列形式で表現しよう。

（1） 一般的な生産計画問題   ここでは，より一般的な生産計画問題 **P** について考えよう。m 種類の原料 $R_1, \ldots, R_m$ を使って n 種類の製品 $P_1, \ldots, P_n$ を生産するが，原料と製品の間には以下の関係がある。

1. それぞれの原料 R_i $(i = 1, \ldots, m)$ は b_i 単位まで使うことができる。

2. 製品 P_j を 1 単位生産するためには，原料 R_i が a_{ij} 単位必要である。

3. 製品 P_j を 1 単位生産すれば，利益 c_j 単位が得られる。

飼料 P_j の生産量を x_j 単位として，総利益を最大化する問題は，つぎの不等式標準形で記述される線形計画問題になる。

$$\text{maximize} \quad \sum_{j=1}^{n} c_j x_j$$

$$\text{subject to} \quad \sum_{j=1}^{n} a_{ij} x_j \leq b_i \qquad (i = 1, \ldots, m)$$

$$x_j \geq 0 \qquad\qquad (j = 1, \ldots, n)$$

目的関数の符号を変えれば

$$\text{minimize} \quad \sum_{j=1}^{n} (-c_j x_j)$$

となり，これまで説明してきた標準形と一致するが，後で述べる生産計画問題との双対性を明確にするため，ここではあえてこのままとしておく。

これにスラック変数 z_i $(i = 1, \ldots, m)$ を導入すると，以下の等式標準形となる。

$$\text{maximize} \quad \sum_{j=1}^{n} c_j x_j$$

$$\text{subject to} \quad \sum_{j=1}^{n} a_{ij} x_j + z_i = b_i \qquad (i = 1, \ldots, m)$$

$$x_j \geq 0 \qquad\qquad (j = 1, \ldots, n)$$

$$z_i \geq 0 \qquad\qquad (i = 1, \ldots, m)$$

これは，先の行列形式と同様に

$$\text{maximize} \quad \boldsymbol{c}^{\top} \boldsymbol{x}$$

$$\text{subject to} \quad A\boldsymbol{x} + \boldsymbol{z} = \boldsymbol{b}$$

$$\boldsymbol{x} \geq \boldsymbol{0}$$

$$\boldsymbol{z} \geq \boldsymbol{0}$$

と表現できる。

（**2**）　**一般的な栄養問題**　　ここでも，より一般的な栄養問題 **D** について考え

よう。家畜に与える m 種類の飼料 $F_1, \ldots, F_m$ には n 種類の栄養素 $N_1, \ldots, N_n$ が含まれているが，飼料と栄養素の間には以下の関係がある。

1. 家畜には栄養素 N_j $(j = 1, \ldots, n)$ がそれぞれ c_j 単位必要である。

2. 1 単位の飼料 F_i には栄養素 N_j が a_{ij} 単位含まれている。

3. 1 単位の飼料 F_i の価格は b_i 単位である。

与える飼料 F_i を y_i 単位として，総コストを最小化する問題は，つぎの不等式標準形で記述される線形計画問題になる。

$$
\begin{aligned}
\text{minimize} \quad & \sum_{i=1}^{m} b_i y_i \\
\text{subject to} \quad & \sum_{i=1}^{m} a_{ij} y_i \geq c_j \qquad (j = 1, \ldots, n) \\
& y_i \geq 0 \qquad\qquad (i = 1, \ldots, m)
\end{aligned}
$$

これに変数 w_j $(i = 1, \ldots, n)$ を導入すると，以下の等式標準形となる。

$$
\begin{aligned}
\text{minimize} \quad & \sum_{i=1}^{m} b_i y_i \\
\text{subject to} \quad & \sum_{i=1}^{m} a_{ij} y_i - w_j = c_j \qquad (j = 1, \ldots, n) \\
& y_i \geq 0 \qquad\qquad\qquad (i = 1, \ldots, m) \\
& w_j \geq 0 \qquad\qquad\qquad (j = 1, \ldots, n)
\end{aligned}
$$

これは，$\boldsymbol{w} = (w_1, \ldots, w_n)^\top$ とすることにより，先の行列形式と同様に

$$
\begin{aligned}
\text{minimize} \quad & \boldsymbol{b}^\top \boldsymbol{y} \\
\text{subject to} \quad & \boldsymbol{y}^\top A - \boldsymbol{w}^\top = \boldsymbol{c}^\top \qquad (A^\top \boldsymbol{y} - \boldsymbol{w} = \boldsymbol{c}) \\
& \boldsymbol{y} \geq \boldsymbol{0} \\
& \boldsymbol{w} \geq \boldsymbol{0}
\end{aligned}
$$

と表現できる。

栄養問題は後でみるように，生産計画問題の双対問題であり，そのことを明示するため，前述の記号の用法を用いた。

2.4 線形計画法の基本定理

この節では，線形計画法の最も代表的な解法であるシンプレックス法の基礎となる基本定理について述べる。

2.4.1 基 本 定 理

さて，扱う線形計画法は，以下の行列形式で記述されているとしよう。

$$\text{minimize} \quad \boldsymbol{c}^\top \boldsymbol{x}$$
$$\text{subject to} \quad A\boldsymbol{x} = \boldsymbol{b}$$
$$\boldsymbol{x} \geq \boldsymbol{0}$$

ここで以下の仮定を設ける。

- A は横長 $(n \geq m)$ の行列である。
- A の階数は m である。すなわち，$\text{rank}\, A = m$ である。

階数の定義によって，この行列 A には，m 次元の空間 $\Re^m$ の基底となるような m 個の列ベクトル $\{\alpha_{j_1}, \ldots, \alpha_{j_m}\}$ の組が少なくとも 1 組存在する。いいかえれば，すべてのベクトル $\boldsymbol{d} \in \Re^m$ に対して適当にスカラー $z_1, \ldots, z_m$ をとり

$$\boldsymbol{d} = z_1 \alpha_{j_1} + \cdots + z_m \alpha_{j_m}$$

とすることができる。同じことだが，この列ベクトルを並べてできる行列 $\Gamma = (\alpha_{j_1}, \ldots, \alpha_{j_m})$ は正則である。すなわち，Γ には逆行列 Γ^{-1} が存在する（Γ の行列式 $\det \Gamma$ は 0 でない）。

上に述べた基底によって構成される行列 $\Gamma = (\alpha_{j_1}, \ldots, \alpha_{j_m})$ を**基底行列**（basis matrix）という。一般に，基底の選び方には自由度があるので，基底行列も一意的ではない。ここで便宜的に，$(1, \ldots, n)$ のうち，基底に対応する添字 $(j_1, \ldots, j_m)$ を除いた残りの添字を $(k_1, \ldots, k_{n-m})$ とする。

いま，$A\boldsymbol{x} = \boldsymbol{b}$ において，変数 $\boldsymbol{x} = (x_1, \ldots, x_n)$ において基底に対応しない

部分を 0 とする $(x_{k_1} = \cdots = x_{k_{n-m}} = 0)$。また，$z = (x_{j_1}, \ldots, x_{j_m})^\top$ とおく。このとき，$Ax = b$ は $\Gamma z = b$ に他ならない。また，仮定より Γ は正則だから

$$z = \Gamma^{-1}b \tag{2.18}$$

と解くことができる。これに残りの成分 $x_{k_1} = \cdots = x_{k_{n-m}} = 0$ を合わせると，$Ax = b$ を満足する一つの解が得られた。

このように，ある基底行列に対応しない変数（**非基底変数**(nonbasic variable)）をゼロとし，基底に対応する変数（**基底変数**（basic variable））についてはこのように解を求めて得られた解を**基底解**（basic solution）という。

ところが，一般に，式 (2.18) によって得られた解は非負とはいえないので，実行可能とは限らない。もし，式 (2.18) によって得られた解の各成分が非負ならば，これに対応する基底解も非負 $(x \geqq 0)$ となるので，**実行可能**（feasible）である。このとき，基底解を**実行可能基底解**（basic feasible solution; bfs）と呼ぶ。

したがって，実行可能基底解とは，m 個の基底変数が非負であり，非基底変数はすべてゼロであるような $Ax = b$ の解である。さらに，基底変数の正の成分の数がちょうど m のとき，この解は**非退化**（nondegenerate）と呼ばれる。

これで，線形計画法の基本的な定理 2.1 を述べる準備ができた。

定理 2.1　線形計画法の標準問題について，つぎの **(A)**, **(B)** が成立する。

(A) 実行可能解が存在すれば，実行可能基底解も存在する。

(B) 最適解が存在すれば，実行可能基底解のなかに最適解，すなわち**最適実行可能基底解**（optimal basic feasible solution; optimal bfs）が存在する。

証明

(A) 方針として，実行可能解から正の成分を一つずつ減らし，正の成分が m に
なるまで減らすことができることを示す。

$\hat{x} \geqq 0$ を一つの実行可能解とする。簡単のため，変数の番号を適宜入れ
替えたと考えて，$\hat{x}$ の正の成分が $\hat{x}_1, \ldots, \hat{x}_q$ $(q \leqq n)$ であると仮定する
$(\hat{x} = (\hat{x}_1, \ldots, \hat{x}_q, 0, \ldots, 0))$。$q \leqq m$ ならば，$\hat{x}$ はすでに実行可能基底解
であるから，$q > m$ と仮定する。A の第 j 列ベクトルを α_j と書くと

$$\hat{x}_1 \alpha_1 + \cdots + \hat{x}_q \alpha_q = b$$

$q > m$ であるから，$\alpha_1, \ldots, \alpha_q$ は一次従属であり，すべては 0 ではないス
カラー $w_1, \ldots, w_q$ を適当にとると

$$w_1 \alpha_1 + \cdots + w_q \alpha_q = 0$$

この式に $-\varepsilon$ をかけて，その上の式に加えると

$$(\hat{x}_1 - \varepsilon w_1)\alpha_1 + \cdots + (\hat{x}_q - \varepsilon w_q)\alpha_q = b$$

仮定より，十分小さな ε に対して上の等式の左辺の係数 $\hat{x}_k - \varepsilon w_k$ $(k = 1, \ldots, q)$ はすべて正であり，したがって実行可能である。そこで，徐々
に ε を増加させていくと，はじめに係数が 0 となる係数がある。この係
数が r 番目であるとする。0 となるときの ε は $\varepsilon = \hat{x}_r / w_r$ であり，かつ
$\hat{x}_k - \varepsilon w_k \geqq 0$ $(k = 1, \ldots, q)$ が成立している。よって

$$\varepsilon = \min_{\substack{1 \leqq k \leqq q \\ w_k > 0}} \frac{\hat{x}_k}{w_k}$$

と選び，$\tilde{x}_k = \hat{x}_k - \varepsilon w_k$ とおけば

$$\tilde{x}_1 \alpha_1 + \cdots + \tilde{x}_{r-1} \alpha_{r-1} + \tilde{x}_{r+1} \alpha_{r+1} + \cdots + \tilde{x}_q \alpha_q = b$$

すなわち，正の係数が $q-1$ 個の解が得られた。$m = q-1$ ならば **(A)** が
証明されたことになる。$m < q-1$ ならば，上の手続きを繰り返せばよい。

(B) **(A)** の証明で仮定した $\hat{x}$ が最適解であるとする。これが基底解でないとす
ると，正の成分は $\hat{x}_1, \ldots, \hat{x}_q$ $(q > m)$ である。**(A)** の証明の手続きに従い

$$(\hat{x}_1 - \varepsilon w_1)\alpha_1 + \cdots + (\hat{x}_q - \varepsilon w_q)\alpha_q = b$$

とし

$$\boldsymbol{w} = (w_1, \ldots, w_q, 0, \ldots, 0)^\top$$

$$\hat{\boldsymbol{x}} - \varepsilon \boldsymbol{w} = (\hat{x}_1 - \varepsilon w_1, \cdots, \hat{x}_q - \varepsilon w_q, 0, \ldots, 0)^\top$$

とおく。ε の正負にかかわらず，$|\varepsilon|$ が十分小さい場合，$\hat{\boldsymbol{x}} - \varepsilon \boldsymbol{w}$ は実行可能解である。しかも，$\hat{\boldsymbol{x}}$ は最適であるから，任意の ε に対して

$$\boldsymbol{c}^\top \hat{\boldsymbol{x}} \leqq \boldsymbol{c}^\top (\hat{\boldsymbol{x}} - \varepsilon \boldsymbol{w})$$

これから，$\varepsilon \boldsymbol{c}^\top \boldsymbol{w} \leqq 0$ であるが，ε は正でも負でもよいから結局 $\boldsymbol{c}^\top \boldsymbol{w} = 0$ を得る。これに **(A)** の証明の手続きをあわせると

$$\boldsymbol{c}^\top \tilde{\boldsymbol{x}} = \boldsymbol{c}^\top \hat{\boldsymbol{x}}$$

となり，$\hat{\boldsymbol{x}}$ が最適なら $\tilde{\boldsymbol{x}}$ も最適であることがわかる。この手続きを $q = m$ となるまで繰り返すことによって，最適な基底解を見いだすことができる。

□

2.4.2　基本定理の幾何学的考察

$A\boldsymbol{x} = \boldsymbol{b}$ の一つの行

$$a_{i1}x_1 + \cdots + a_{in}x_n = b_i$$

をみたす $\boldsymbol{x} \in \Re^n$ はこの空間のなかで一つのアファイン部分空間（一般に原点を通らない超平面）を構成する。したがって，m 個の行をみたす $\boldsymbol{x}$ の集合はこれらの部分空間の交わりであり，しかも第 1 象限 $(\boldsymbol{x} \geqq 0)$ に限定されている。この集合 X が実行可能解の集合に他ならないが，X は有界（十分大きな超立方体に含まれる）かも知れないし，あるいは非有界かも知れない。目的関数を表すアファイン部分空間 $\boldsymbol{c}^\top \boldsymbol{x} = L$ を L を変えて移動させ，この部分空間と X との共通部分が空でなく，かつ L が最も小さくなる点が最適解となる。X が非有界の場合，最適解が存在しないことも考えられる。

　基底解はこれらの部分空間の交わりがなす多面体の頂点である。なぜなら，点 $\hat{\boldsymbol{x}}$ が頂点でない場合，$\hat{\boldsymbol{x}}$ を通る直線を引いて，$\hat{\boldsymbol{x}}$ をその直線にそって両方向に少し移動しても多面体の外部に出ることはない。これに対して点 $\hat{\boldsymbol{x}}$ が頂点な

らば，どんな直線をひいたとしても，その直線にそって移動した点が多面体の
なかにとどまるためには，直線にそって片方にしか動かすことができない。こ
の操作は，定理 2.1 の証明における ε の議論に対応している。

さて，基本定理が述べているのは，**(A)** は X に頂点があるということであ
り，**(B)** は X において超平面 $\boldsymbol{c}^\top \boldsymbol{x} = L$ を動かすことによって，頂点で最適と
することができるということである。

このように，基本定理によって述べられているのは，幾何学的には明らかな
ことである。

2.5　シンプレックス法

シンプレックス法（simplex method）とは，基本定理によって保障された実
行可能基底解（すなわち，X の頂点）を辿ることによって，最適解に到達する
方法で，つぎの特徴がある。

- ある実行可能基底解が最適か最適でないかを簡単に判定する方法がある。
  最適でないとき，別の実行可能基底解に移る。
- 別の実行可能基底解に移るとき，一つの基底変数が非基底変数となり，他
  の一つの非基底変数が基底変数になる。
- このとき，目的関数の値は減少する。

実行可能基底解の組は有限個であるので，上の特徴から，実行可能基底解か
ら別の実行可能基底解に移る手続きは有限回で終了する。

シンプレックス法は，**シンプレックスタブロー**または**単体表**（simplex tableau）
と呼ばれる表を用いて実行される。まず，例題 2.1（生産計画問題）を用いて説
明しよう。ただし，目的関数の符号を変え，maximize から minimize にして，
等式標準形の形式に合わせている。

$$\text{minimize} \quad z = -3x_1 - 4x_2 + 0x_3 + 0x_4 \tag{2.19}$$
$$\text{subject to} \quad 2x_1 + 5x_2 + x_3 \qquad = 20 \tag{2.20}$$

$$4x_1 + x_2 \qquad + x_4 = 15 \qquad (2.21)$$

$$x_j \geqq 0 \qquad (j = 1, \ldots, 4) \qquad (2.22)$$

初期解を $x_1 = x_2 = 0$ とすると，x_3, x_4 は右辺に等しく，$x_3 = 20$, $x_4 = 15$ となる。これは実行可能基底解の一つであり，基底変数は x_3, x_4，非基底変数は x_1, x_2 である。

これを**表 2.1** の形に書く。この表がシンプレックスタブローである。

表 **2.1** 生産計画問題のシンプレックス
タブロー 1

基底	x_1	x_2	x_3	x_4	定数
$-z$	-3	-4	0	0	0
x_3	2	5	1		20
x_4	4	1		1	15

この解は最適ではない。なぜなら，目的関数において，非基底変数に対応する係数 $(-3, -4)$ が負の数を含むので，非基底変数を $0 \to +$ と増加させることによって目的関数の値を減少させることができる。

非基底変数を増加させた分，基底変数のどれかを減少させなければならない。実行可能基底解から別の実行可能基底解に移るとは，ある非基底変数を $+$ とすることで，別の基底変数を 0 にすることである。この例では，x_1 を増加させ，x_3 あるいは x_4 を 0 にすることにより，別の実行可能基底解に移ることができる。

x_2 は 0 のままにするので，式 (2.20) と式 (2.21) から

$$x_1 = \frac{1}{2}(20 - x_3)$$

$$x_1 = \frac{1}{4}(15 - x_4)$$

前の式で $x_3 = 0$ とすると $x_1 = 10$, 後の式で $x_4 = 0$ とすると $x_1 = \dfrac{15}{4}$ が得られるが，$x_1 = 10$ のときは $x_4 < 0$ となり，実行可能でない。よって，$x_1 = 10$ と $x_1 = \dfrac{15}{4}$ の小さい方を選ぶ。この操作をまとめると，シンプレックスタブローはつぎのように計算される。

まず，目的関数におけるマイナスの係数（アンダーライン）を選び，その列の正の数でそれぞれの右辺をわった値を調べる。そのうちの最小値（ここでは $\min\left\{\dfrac{20}{2}, \dfrac{15}{4}\right\} = \dfrac{15}{4}$）を四角で囲んである。この値でこの行を割り，四角で囲んだ数値を 1 にする。これに対応する変数を基底変数として計算を続行するにはこの変数についての他の行を消去すればよい。

そのため，下側の表の第 2 行に 2 をかけて上側の第 1 行から引き算を行い，結果を下側の第 1 行目とする。目的関数についても同様に，下側の表の第 2 行に 3 を掛け，上側の目的関数の行に加えることによって，下側の目的関数の行を得る。

その結果を**表 2.2** にまとめる。

表 2.2　生産計画問題のシンプレックス
タブロー 2

基底	x_1	x_2	x_3	x_4	定数
$-z$	$\underline{-3}$	-4	0	0	0
x_3	2	5	1		20
x_4	$\boxed{4}$	1		1	15
$-z$		$-\dfrac{13}{4}$		$\dfrac{3}{4}$	$\dfrac{45}{4}$
x_3		$\dfrac{9}{2}$	1	$-\dfrac{1}{2}$	$\dfrac{25}{2}$
x_1	1	$\dfrac{1}{4}$		$\dfrac{1}{4}$	$\dfrac{15}{4}$

このとき，基底変数は x_1, x_3 であり，非基底変数は x_2, x_4 である。このシンプレックスタブローにより，先の線形計画問題はつぎのように変形される。

$$\begin{aligned}
\text{minimize} \quad & z = 0x_1 - \frac{13}{4}x_2 + 0x_3 + \frac{3}{4}x_4 - \frac{45}{4} \\
\text{subject to} \quad & \frac{9}{2}x_2 + x_3 - \frac{1}{2}x_4 = \frac{25}{2} \\
& x_1 + \frac{1}{4}x_2 + \frac{1}{4}x_4 = \frac{15}{4} \\
& x_j \geq 0 \quad (j = 1, \ldots, 4)
\end{aligned}$$

x_2 の係数 $-\dfrac{13}{4}$ が負なので，$x_2 = 0 \rightarrow +$ として目的関数をさらに減少させることができる。$\dfrac{右辺}{係数}$ の最小値は

$$\min\left\{\frac{\dfrac{25}{2}}{\dfrac{9}{2}},\ \frac{\dfrac{15}{4}}{\dfrac{1}{4}}\right\} = \frac{\dfrac{25}{2}}{\dfrac{9}{2}} = \frac{25}{9}$$

であり，このとき，$x_2 \rightarrow$ 基底，$x_3 \rightarrow$ 非基底 となる。計算の方法は表 2.2 を導出した際のものと同じであり，シンプレックスタブローは**表 2.3** のように計算される。

表 **2.3** 生産計画問題のシンプレックス
タブロー3

基底	x_1	x_2	x_3	x_4	定数
$-z$	-3	-4	0	0	0
x_3	2	5	1		20
x_4	4	1		1	15
$-z$		$-\dfrac{13}{4}$		$\dfrac{3}{4}$	$\dfrac{45}{4}$
x_3		$\dfrac{9}{2}$	1	$-\dfrac{1}{2}$	$\dfrac{25}{2}$
x_1	1	$\dfrac{1}{4}$		$\dfrac{1}{4}$	$\dfrac{15}{4}$
$-z$			$\dfrac{13}{18}$	$\dfrac{7}{18}$	$\dfrac{365}{18}$
x_2		1	$\dfrac{2}{9}$	$-\dfrac{1}{9}$	$\dfrac{25}{9}$
x_1	1		$-\dfrac{1}{18}$	$\dfrac{5}{18}$	$\dfrac{55}{18}$

線形計画問題はつぎのようになる。

$$\text{minimize} \quad z = 0x_1 + 0x_2 + \frac{13}{18}x_3 + \frac{7}{18}x_4 - \frac{365}{18} \tag{2.23}$$

$$\text{subject to} \quad x_2 + \frac{2}{9}x_3 - \frac{1}{9}x_4 = \frac{25}{9} \tag{2.24}$$

$$x_1 - \frac{1}{18}x_3 + \frac{5}{18}x_4 = \frac{55}{18} \tag{2.25}$$

$$x_j \geqq 0 \qquad (j = 1, \ldots, 4) \qquad\qquad (2.26)$$

この解は最適である。なぜなら，非基底変数に対応する目的関数の係数がすべて正なので，非基底変数を増加させると目的関数が増加するからである。

最適解は，基底変数が右辺の値 $x_1 = 55/18$, $x_2 = 25/9$，非基底変数は 0 で，最適値 $z = -(365/18)$ はシンプレックスタブローの目的関数の行の右に現れる。

スラック変数を用いた場合のシンプレックスタブローの計算法をまとめるとつぎのようになる。

アルゴリズム 2.1 シンプレックスタブローの計算法

1) 与えられた問題をシンプレックスタブローとして表す。目的関数の右辺の項として 0 を代入しておく。

2) 非基底変数に対応する目的関数の係数に負のものがあるかどうか調べる。なければ現在の解が最適解。目的関数の右辺の項が最適値となる。あれば，負の係数に対応する非基底変数 x_s を一つ選ぶ。

3) x_s に対応する列の各要素（ただし正のもの）で，右辺の数値を割り，その結果のうち最小の値に対応する要素をピボット項（先のタブローで四角で囲んだ要素）とする（最小の値でないと実行可能にならない）。

4) ピボットに対応する行をピボット項の値で割る。

5) 他の行について，ピボットに対応する列の要素が 0 となるようにピボット行を加えるか減じる。目的関数についても同様の操作を行う。2) に戻る。

シンプレックスタブローにおいて，以下が成り立つことに注意したい。

- 基底変数については，目的関数の係数は 0 であり，変数の値は右辺に等しい。

- 非基底変数については，変数の値は 0 であり，目的関数の係数は 0 とは限らない。

なお，係数が負のものが複数あるとき，どれを選ぶのがよいかは一概にはいえないが

- 負の値が最も大きいものを選ぶ。

- 変数の添字の値の小さいものから選ぶ。

などの方法がある。

　シンプレックス法の操作を一般的に表すとつぎのようになる。

$$
\begin{aligned}
-z + \quad c_1 x_1 + \cdots + \quad c_n x_n &\qquad\qquad\qquad = b_0 \\
a_{11} x_1 + \cdots + \ a_{1n} x_n + x_{n+1} &\qquad\qquad = b_1 \\
a_{21} x_1 + \cdots + \ a_{2n} x_n \qquad\quad + x_{n+2} &\qquad = b_2 \\
\cdots \qquad\qquad\qquad \ddots \qquad &\quad = \vdots \\
a_{m1} x_1 + \cdots + a_{mn} x_n \qquad\qquad\qquad + x_{n+m} &= b_m
\end{aligned}
$$

において $c_s < 0$ とする。x_s を非基底変数から基底変数に変えることにする。このとき，実行可能性を保ちながら x_s の代わりに非基底となる変数をみいだすには

$$
\frac{b_r}{a_{rs}} = \min_{\substack{1 \le i \le m \\ a_{is} > 0}} \frac{b_i}{a_{is}} \tag{2.27}
$$

を求め，x_{n+r} を非基底とすればよい。このとき，新たな第 r 行目は

$$
\bar{a}_{rj} = \frac{a_{rj}}{a_{rs}} \qquad (j = 1, \ldots, n+m)
$$

$$
\bar{b}_r = \frac{b_r}{a_{rs}}
$$

他の行は

$$
\bar{a}_{ij} = a_{ij} - \bar{a}_{rj} a_{is} \qquad (j = 1, \ldots, n+m)
$$

$$
\bar{b}_i = b_i - \bar{b}_r a_{is} \qquad (i = 1, \ldots, m,\ i \ne r)
$$

目的関数については

$$
\bar{c}_j = c_j - \bar{a}_{rj} c_s \qquad (j = 1, \ldots, n+m)
$$

$$
\bar{b}_0 = b_0 - \bar{b}_r c_s
$$

と計算する。

シンプレックスタブローは表 **2.4** のようになり，この計算を繰り返すことで最適解が得られる。

表 **2.4** 一般的なシンプレックスタブロー

基底	x_1	$\cdots$	x_s	$\cdots$	x_n	x_{n+1}	$\cdots$	x_{n+r}	$\cdots$	x_{n+m}	定数
$-z$	c_1	$\cdots$	c_s	$\cdots$	c_n						b_0
x_{n+1}	a_{11}	$\cdots$	a_{1s}	$\cdots$	a_{1n}	1					b_1
$\vdots$	$\vdots$	$\ddots$	$\vdots$	$\ddots$	$\vdots$		$\ddots$		0		$\vdots$
x_{n+r}	a_{r1}	$\cdots$	a_{rs}	$\cdots$	a_{rn}			1			b_r
$\vdots$	$\vdots$	$\ddots$	$\vdots$	$\ddots$	$\vdots$		0		$\ddots$		$\vdots$
x_{n+m}	a_{m1}	$\cdots$	a_{ms}	$\cdots$	a_{mn}					1	b_m
$-z$	$\bar{c}_1$	$\cdots$	0	$\cdots$	$\bar{c}_n$			$\bar{c}_{n+r}$			$\bar{b}_0$
x_{n+1}	$\bar{a}_{11}$	$\cdots$	0	$\cdots$	$\bar{a}_{1n}$	1		$\bar{a}_{1,n+r}$			$\bar{b}_1$
$\vdots$	$\vdots$	$\ddots$	$\vdots$	$\ddots$	$\vdots$		$\ddots$		0		$\vdots$
x_{n+r}	$\bar{a}_{r1}$	$\cdots$	1	$\cdots$	$\bar{a}_{rn}$			$\bar{a}_{r,n+r}$			$\bar{b}_r$
$\vdots$	$\vdots$	$\ddots$	$\vdots$	$\ddots$	$\vdots$		0		$\ddots$		$\vdots$
x_{n+m}	$\bar{a}_{m1}$	$\cdots$	0	$\cdots$	$\bar{a}_{mn}$			$\bar{a}_{m,n+r}$		1	$\bar{b}_m$

2.6 2 段 階 法

前節の問題がシンプレックス法で解けたのは，スラック変数が自明な実行可能基底解 $(x_{n+i} = b_i, \ i = 1, \ldots, m)$ を与えたからである。一度実行可能基底解が見出されると，シンプレックスタブローの計算によって最適解が得られる。

ところが一般には，はじめの実行可能基底解を見出すのは自明ではない。そこでまず，与えられた目的関数に新たな変数を導入して別の目的関数を作り，新たに作られた目的関数にシンプレックス法を適用して，その最適解を求める。新たな変数の導入を工夫することにより，この最適解が元の目的関数の実行可能基底解となるので，つぎに，この実行可能基底解を初期値として，元の目的

関数にシンプレックス法を適用することにより最適解を得る。二つの段階から
なるアルゴリズムなので，この手法を **2 段階法**（two phase method）という。
前者を**第 1 段階**（phase one）といい，後者を**第 2 段階**（phase two）という。

いま，等式標準形の問題

$$\text{minimize} \quad z = \sum_{j=1}^{n} c_j x_j$$

$$\text{subject to} \quad \sum_{j=1}^{n} a_{ij} x_j = b_i \quad (i = 1, \ldots, m)$$

$$x_j \geqq 0 \quad (j = 1, \ldots, n)$$

が与えられているとする。必要があれば -1 をかけて右辺が非負としておく。制
約条件の各行について**人工変数**（artificial variable）と呼ばれる変数 $x_{n+1}, \ldots,$
x_{n+m} を加え，つぎの形に変形する。

$$\text{minimize} \quad z = \sum_{j=1}^{n} c_j x_j$$

$$\text{subject to} \quad \sum_{j=1}^{n} a_{ij} x_j + x_{n+i} = b_i \quad (i = 1, \ldots, m)$$

$$x_j \geqq 0 \quad (j = 1, \ldots, n + m)$$

人工変数を基底とすると初期の実行可能基底解として

$$x_1 = \cdots = x_n = 0$$

$$x_{n+i} = b_i \quad (i = 1, \ldots, m)$$

が得られる。

ところで，もし実行可能基底解の中で人工変数がすべて 0 になるものが求ま
れば人工変数をすべて除去できるので，その実行可能基底解が元の問題の実行
可能基底解になっていることがわかる。

人工変数がすべて 0 になるものを求めるために，別の目的関数として

$$\text{minimize} \quad w = x_{n+1} + \cdots + x_{n+m}$$

を考える。この最適解が $w = 0$ を満たせば $x_{n+1} = \cdots = x_{n+m} = 0$ であるか
ら，最適解から人工変数をすべて除去でき，もとの解の実行可能基底解が得られる。
また，逆にもとの解の実行可能基底解があれば，それは $x_{n+1} = \cdots = x_{n+m} = 0$
を意味するので，目的関数 w の最適値は $w = 0$ を満たす。

制約条件から

$$x_{n+i} = b_i - \sum_{j=1}^{n} a_{ij} x_j \qquad (i = 1, \ldots, m)$$

である。

$$d_j = -\sum_{i=1}^{m} a_{ij} \qquad (j = 1, \ldots, n)$$

$$w_0 = \sum_{i=1}^{m} b_i$$

とおけば

$$w = \sum_{j=1}^{n} d_j x_j + w_0$$

と表される。

シンプレックスタブローを**表 2.5** のように書く。この表において，人工変数
に対応する w, z の係数は 0 であり，人工変数は 0 になるか否かを判定するだけ
なので，単に基底の列に記述し，それ以外の列を設けないでよいことがわかる。

表 **2.5** 2 段階法のシンプレックスタブロー

基底	x_1	$\cdots$	x_j	$\cdots$	x_n	定数
$-w$	d_1	$\cdots$	d_j	$\cdots$	d_n	$-w_0$
$-z$	c_1	$\cdots$	c_j	$\cdots$	c_n	0
x_{n+1}	a_{11}	$\cdots$	a_{1j}	$\cdots$	a_{1n}	b_1
x_{n+2}	a_{21}	$\cdots$	a_{2j}	$\cdots$	a_{2n}	b_2
$\vdots$	$\vdots$	$\ddots$	$\vdots$	$\ddots$	$\vdots$	$\vdots$
x_{n+m}	a_{m1}	$\cdots$	a_{ms}	$\cdots$	a_{mn}	b_m

　このシンプレックスタブローでは，w を目的関数として計算を行うが，z の行にも演算を施し，w の最適値が 0 になった段階で w の行を消去して通常のシンプレックスタブローの計算を続行すればよい。逆に，w の最適値が 0 にならなければ，もとの問題は実行可能でないことに注意しよう。

例 2.1　（**2 段階法による栄養問題の解**）　例題 2.2（栄養問題）を 2 段階法で解こう。記号は若干変えてある。

$$\text{minimize} \quad z = 4x_1 + 5x_2$$
$$\text{subject to} \quad 4x_1 + 3x_2 \geqq 16$$
$$2x_1 + 7x_2 \geqq 24$$
$$x_j \geqq 0 \quad (j = 1, 2)$$

まず，等式標準形に直す。

$$\text{minimize} \quad z = 4x_1 + 5x_2 + 0x_3 + 0x_4 \tag{2.28}$$
$$\text{subject to} \quad 4x_1 + 3x_2 - x_3 \qquad = 16 \tag{2.29}$$
$$2x_1 + 7x_2 \qquad - x_4 = 24 \tag{2.30}$$
$$x_j \geqq 0 \quad (j = 1, \ldots, 4) \tag{2.31}$$

　これに人工変数 x_7, x_8, x_9 を導入して**表 2.6** のシンプレックスタブローを得る。このシンプレックスタブローは，これを w について最適化する過程を示している。

　タブローの終りで，w の値は 0 となり，元の問題が実行可能であることが示されている。しかもこのとき，z の係数がすべて正となるので，この実行可能解は元の問題の最適解である。すなわち，最適解 $x_1 = 20/11$, $x_2 = 32/11$, $z = 240/11$ が得られた。

表 2.6　栄養問題の 2 段階法によるシンプレックス
タブロー

基底	x_1	x_2	x_3	x_4	定数
$-w$	-6	-10	1	1	-40
$-z$	4	5			0
x_5	4	3	-1		16
x_6	2	$\boxed{7}$		-1	24
$-w$	$-\dfrac{22}{7}$		1	$-\dfrac{3}{7}$	$-\dfrac{40}{7}$
$-z$	$-\dfrac{18}{7}$			$\dfrac{5}{7}$	$-\dfrac{120}{7}$
x_5	$\boxed{-\dfrac{22}{7}}$		-1	$\dfrac{3}{7}$	$\dfrac{40}{7}$
x_2	$\dfrac{2}{7}$	1		$-\dfrac{1}{7}$	$\dfrac{24}{7}$
$-w$					0
$-z$			$\dfrac{9}{11}$	$\dfrac{4}{11}$	$-\dfrac{240}{11}$
x_1	1		$-\dfrac{7}{22}$	$\dfrac{3}{22}$	$\dfrac{20}{11}$
x_2		1	$\dfrac{1}{11}$	$-\dfrac{2}{11}$	$\dfrac{32}{11}$

2.7　双　対　性

2.7.1　双対性の基本定理

　双対性（duality）は線形計画法の理論の中心である．アルゴリズムの面では
内点法に関連し，具体的な意味付けも可能である．

　標準形の問題をいま，**主問題**（primal problem）と呼んでおく．

主問題 P

$$\text{minimize}\quad z = c^\top x \tag{2.32}$$

$$\text{subject to}\quad Ax = b \tag{2.33}$$

$$x \geq 0 \qquad (2.34)$$

これに対する双対問題はつぎのように定義される。

双対問題 D

maximize $\quad w = y^\top b \qquad (2.35)$

subject to $\quad y^\top A \leq c^\top \qquad (2.36)$

このように，主問題である最小化問題が等式制約条件の式 (2.33) と変数について の非負条件の式 (2.34) をもつとき，その双対問題は，不等式制約条件の式 (2.36) をもち，変数に対する制約をもたない最大化問題となる。また，A, b, c について

$$A \Rightarrow A^\top$$
$$c \Rightarrow b$$
$$b \Rightarrow c$$

の対応がある。

主問題と双対問題に関して，つぎの重要な性質がある。

定理 2.2 双対問題 D の双対は主問題 P である。

証明 このことを示すために，D を主問題の形に書き直す。まず，非負の制約 がない y を以下のように二つの非負ベクトルの差として表す。

$$y = y^+ - y^-$$
$$y^+ \geq 0, \ y^- \geq 0$$

さらにスラック変数ベクトル $z \geq 0$ を導入し，式 (2.36) を

$$A^\top (y^+ - y^-) + z = c$$

と書く。よって，双対問題は

$$\text{minimize} \quad -\boldsymbol{b}^\top \boldsymbol{y}^+ + \boldsymbol{b}^\top \boldsymbol{y}^- + \boldsymbol{0}^\top \boldsymbol{z}$$
$$\text{subject to} \quad A^\top(\boldsymbol{y}^+ - \boldsymbol{y}^-) + \boldsymbol{z} = \boldsymbol{c}$$
$$\boldsymbol{y}^+ \geqq \boldsymbol{0},\ \boldsymbol{y}^- \geqq \boldsymbol{0},\ \boldsymbol{z} \geqq \boldsymbol{0}$$

と等式標準形に書ける。さらに書き直すと

$$\text{minimize} \quad (-\boldsymbol{b}^\top, \boldsymbol{b}^\top, \boldsymbol{0}) \begin{pmatrix} \boldsymbol{y}^+ \\ \boldsymbol{y}^- \\ \boldsymbol{z} \end{pmatrix}$$

$$\text{subject to} \quad (-A^\top, A^\top, -I) \begin{pmatrix} \boldsymbol{y}^+ \\ \boldsymbol{y}^- \\ \boldsymbol{z} \end{pmatrix} = -\boldsymbol{c}$$

$$\begin{pmatrix} \boldsymbol{y}^+ \\ \boldsymbol{y}^- \\ \boldsymbol{z} \end{pmatrix} \geqq \boldsymbol{0}$$

となり，この双対問題は ζ を変数として

$$\text{maximize} \quad -\boldsymbol{c}^\top \zeta$$
$$\text{subject to} \quad \begin{pmatrix} -A \\ A \\ -I \end{pmatrix} \zeta \leqq \begin{pmatrix} -\boldsymbol{b} \\ \boldsymbol{b} \\ \boldsymbol{0} \end{pmatrix}$$

となる。

制約条件はそれぞれ

$$-A\zeta \leqq -\boldsymbol{b}$$
$$A\zeta \leqq \boldsymbol{b}$$
$$-\zeta \leqq \boldsymbol{0}$$

を意味しているので，これから

$$\text{minimize} \quad \boldsymbol{c}^\top \zeta$$
$$\text{subject to} \quad A\zeta = \boldsymbol{b}$$
$$\zeta \geqq \boldsymbol{0}$$

を得る。すなわち主問題 P が得られた。　　　　　　　　　　　　□

ではここで，2.3.2 項で述べた生産計画問題の双対問題について考えよう。

定理 2.3　生産計画問題 **P**

$$\text{maximize} \quad z = c^\top x \tag{2.37}$$

$$\text{subject to} \quad Ax \leqq b \tag{2.38}$$

$$x \geqq 0 \tag{2.39}$$

の双対問題は栄養問題 **D**

$$\text{minimize} \quad w = y^\top b \tag{2.40}$$

$$\text{subject to} \quad y^\top A \geqq c^\top \tag{2.41}$$

$$y \geqq 0 \tag{2.42}$$

である。

$\boxed{\text{証明}}$　このことを示すには，生産計画問題 **P** を標準形の主問題 P の形に書き，その双対 D が栄養問題 **D** に帰着することをいえばよい。

スラック変数 η を用いて問題 **P** を標準形に変えると

$$\text{minimize} \quad (-c^\top, 0) \begin{pmatrix} x \\ \eta \end{pmatrix}$$

$$\text{subject to} \quad (-A, -I) \begin{pmatrix} x \\ \eta \end{pmatrix} = -b$$

$$\begin{pmatrix} x \\ \eta \end{pmatrix} \geqq 0$$

である。この双対 D は

$$\text{maximize} \quad y^\top (-b)$$

$$\text{subject to} \quad \begin{pmatrix} -A^\top \\ -I \end{pmatrix} y \leqq \begin{pmatrix} -c \\ 0 \end{pmatrix}$$

となる。最後の条件は, $-A^\top y \leqq -c,\ -y \leqq 0$ を意味するから

$$\text{minimize} \quad y^\top b$$
$$\text{subject to} \quad A^\top y \geqq c$$
$$y \geqq 0$$

すなわち栄養問題 D が得られた。　　　　　　　　　　　　　　□

主問題と双対問題の間にはつぎの定理によって述べられる関係がある。

定理 2.4 （弱双対定理）　主問題 P の任意の実行可能解 $\tilde{x}$ とそれに対応する双対問題 D の任意の実行可能解 $\tilde{y}$ の間に

$$\tilde{z} = c^\top \tilde{x} \geqq \tilde{y}^\top b = \tilde{w} \tag{2.43}$$

が成立する。

　証明　P における $A\tilde{x} = b$ の両辺に左から $\tilde{y}^\top$ をかける（いいかえれば内積をとる）と

$$\tilde{y}^\top A\tilde{x} = \tilde{y}^\top \tilde{b}$$

$\tilde{y}^\top A \leqq c^\top$ かつ $\tilde{x} \geqq 0$ だから $\tilde{y}^\top A\tilde{x} \leqq c^\top \tilde{x}$。よって，上の式と併せると

$$\tilde{y}^\top b = \tilde{y}^\top A\tilde{x} \leqq c^\top \tilde{x}$$

よって証明された。　　　　　　　　　　　　　　　　　　□

　つぎの二つの定理 2.5 と定理 2.6 は双対性に関するもっとも重要な定理である。ただし証明は簡単ではないので，ここでは証明なしで定理のみ示す。数多くの文献に証明が示してあるので，興味のある読者はそれらを当たられたい。

定理 2.5 （双対定理）　主問題 P と双対問題 D のどちらかに最適解が存在するならば，他方にも最適解が存在し，それらの目的関数の値は等しい。すなわち，最適解をそれぞれ $\bar{x},\ \bar{y}$ とすると

$$\bar{z} = \boldsymbol{c}^\top \bar{\boldsymbol{x}} = \bar{\boldsymbol{y}}^\top \boldsymbol{b} = \bar{w}$$

定理 2.6　主問題 P と双対問題 D の双方が実行可能ならば，双方の問題に最適解が存在し，それらの目的関数の値は等しい。

2.7.2　双対性の解釈

例題 2.1（生産計画問題）を思い出そう。その企業を $\mathcal{P}$ とする。いま，別の企業 $\mathcal{D}$ が $\mathcal{P}$ から原料 R_1, R_2 をすべて買い取ろうとしたとき，原料 R_1, R_2 にどのような価格付けを行えば $\mathcal{P}$ は買い取りに応じるだろうか。

R_1, R_2 に対する価格をそれぞれ y_1, y_2 とする。製品 P_1 を 1 単位生産した場合の利益 3 を上回り，かつ製品 P_2 を 1 単位生産した場合の利益 4 を上回る価格付けがされているとき，かつそのときに限って $\mathcal{P}$ は買取りに応じるだろう。

先の条件は $2y_1 + 4y_2 \geqq 3$ であり，後の条件は $5y_1 + y_2 \geqq 4$ と表される。すなわち，$\mathcal{P}$ が買取りに応じるためには y_1, y_2 は

$$2y_1 + 4y_2 \geqq 3$$
$$5y_1 + y_2 \geqq 4$$
$$y_1 \geqq 0,\ y_2 \geqq 0$$

の実行可能解であることが必要十分である。

$\mathcal{D}$ は総買取りコストを最小にしたいから，目的関数

$$w = 20y_1 + 15y_2$$

を最小化しようとする。

すなわち，主問題である

$$\text{maximize} \quad z = 3x_1 + 4x_2$$

$$\text{subject to}\quad 2x_1 + 5x_2 \leqq 20$$
$$4x_1 + x_2 \leqq 15$$
$$x_1 \geqq 0,\ x_2 \geqq 0$$

の双対問題

$$\text{minimize}\quad w = 20y_1 + 15y_2$$
$$\text{subject to}\quad 2y_1 + 4y_2 \geqq 3$$
$$5y_1 + y_2 \geqq 4$$
$$y_1 \geqq 0,\ y_2 \geqq 0$$

が得られた。

弱双対定理から，二つの実行可能解 $\tilde{x},\ \tilde{y}$ について

$$\tilde{z} = 3\tilde{x}_1 + 4\tilde{x}_2 \leqq 20\tilde{y}_1 + 15\tilde{y}_2 = \tilde{w}$$

が成立している。ここで，等号が成立していなければ，$\tilde{x},\ \tilde{y}$ のいずれか一方は最適ではない。つまり，$\mathcal{P}$ は最大の利益を上げられないで損をしているか，あるいは $\mathcal{D}$ の価格付けが高すぎることになる。両方の解が最適なとき，強双対定理から等号が成り立つことがわかる。このとき，$\mathcal{P}$ があげうる最大利益と $\mathcal{D}$ の適正な価格付けによるコストが一致する。

つぎに例題 2.2（栄養問題）について考えよう。その農場を $\mathcal{D}$ とする。

いま，ある企業 $\mathcal{P}$ が栄養素 $N_1,\ N_2$ だけを含む 2 種類の栄養剤 $D_1,\ D_2$ を生産して，飼料に代えようとする（いささか非現実的な仮定ではあるが）。栄養剤の価格をどう設定すれば農場の要求を満足させられるだろうか。

$D_1,\ D_2$ の栄養素 1 単位あたりの価格をそれぞれ $x_1,\ x_2$ とする。$D_1,\ D_2$ を飼料 F_1 の代わりに使ったとして，コストが F_1 より安いという条件は

$$4x_1 + 2x_2 \leqq 4$$

であり，$D_1,\ D_2$ を飼料 F_2 の代わりに使ったとして，コストが F_2 より安いという条件は

$$3x_1 + 7x_2 \leqq 5$$

である。この条件が満たされれば $\mathcal{D}$ は栄養剤を飼料の代わりに使うだろう。

$\mathcal{P}$ は売り上げを最大にしたいので，$\mathcal{D}$ に売った場合の売り上げから得られる目的関数

$$z = 16x_1 + 24x_2$$

を最大化しようとする。すなわち，例題 2.2（栄養問題）

$$
\begin{aligned}
\text{minimize} \quad & w = 4y_1 + 5y_2 \\
\text{subject to} \quad & 4y_1 + 3y_2 \geq 16 \\
& 2y_1 + 7y_2 \geq 24 \\
& y_1 \geq 0, \ y_2 \geq 0
\end{aligned}
$$

の双対問題

$$
\begin{aligned}
\text{maximize} \quad & z = 16x_1 + 24x_2 \\
\text{subject to} \quad & 4x_1 + 2x_2 \leq 4 \\
& 3x_1 + 7x_2 \leq 5 \\
& x_1 \geq 0, \ x_2 \geq 0
\end{aligned}
$$

が得られた。さきに述べたように双対問題は生産計画型の問題である。

2.8　内　　点　　法

　シンプレックス法は，広く使われている解法であるが，理論的には必ずしも計算効率がよい解法とはいえない。そこで，線形計画問題を解く効率のよい解法が多くの研究者によって考察された。その結果，生み出されたのが**内点法**（internal point method）である。

シンプレックス法では，実行可能領域 X の頂点を辿るが，内点法では X の内部を通って最適解に収束する解の列が生成される。理論的には，内点法のほうがシンプレックス法よりも効率がよい（計算複雑さが小さい）ことが証明されている。

内点法にはさまざまなアルゴリズムがあるが，主問題と双対問題を同時に解きながら解を見いだす主双対法について簡単に述べておこう。

まず，等式標準形の主問題

$$\text{minimize} \quad \boldsymbol{c}^\top \boldsymbol{x}$$
$$\text{subject to} \quad A\boldsymbol{x} = \boldsymbol{b}$$
$$\boldsymbol{x} \geq \boldsymbol{0}$$

および双対問題

$$\text{maximize} \quad \boldsymbol{b}^\top \boldsymbol{y}$$
$$\text{subject to} \quad A^\top \boldsymbol{y} + \boldsymbol{s} = \boldsymbol{c}$$
$$\boldsymbol{s} \geq \boldsymbol{0}$$

を思い出そう。双対問題には補助変数 $\boldsymbol{s}$ が使われている。

ここで双対定理から，$\boldsymbol{x}$ と $\boldsymbol{y}, \boldsymbol{s}$ が最適解であることと二つの目的関数の値は一致すること，すなわち

$$\boldsymbol{c}^\top \boldsymbol{x} = \boldsymbol{b}^\top \boldsymbol{y} \tag{2.44}$$
$$A\boldsymbol{x} = \boldsymbol{b} \tag{2.45}$$
$$A^\top \boldsymbol{y} + \boldsymbol{s} = \boldsymbol{c} \tag{2.46}$$
$$\boldsymbol{x} \geq \boldsymbol{0}, \ \boldsymbol{x} \geq \boldsymbol{0} \tag{2.47}$$

を解くことは等価である。上式より

$$\boldsymbol{c}^\top \boldsymbol{x} - \boldsymbol{b}^\top \boldsymbol{y} = (A^\top \boldsymbol{y} + \boldsymbol{s})^\top \boldsymbol{x} - \boldsymbol{b}^\top \boldsymbol{y} = \boldsymbol{s}^\top \boldsymbol{x} - (A\boldsymbol{x} - \boldsymbol{b})^\top \boldsymbol{y} = \boldsymbol{s}^\top \boldsymbol{x} = 0$$

$\boldsymbol{s} \geq \boldsymbol{0}, \boldsymbol{x} \geq \boldsymbol{0}$ より

$$s^\top x = 0 \Leftrightarrow s_j x_j = 0 \qquad (j = 1, \ldots, n)$$

に注意すれば，式 (2.44) は

$$XSe = 0 \tag{2.48}$$

と書き換えることができる。ここで，X は $(x_1, \ldots, x_n)$ を対角要素とする対角行列，すなわち $X = \mathrm{diag}(x_1, \ldots, x_n)$ であり，$S = \mathrm{diag}(s_1, \ldots, s_n)$，$\mathbf{e} = (1, \ldots, 1)^\top$ である。

主双対法では，非線形方程式 (2.45) ～ (2.48) を解くことを目的とする。このために，パラメータ $\mu > 0$ を導入し，$x \geqq 0$, $s \geqq 0$ を $x > 0$, $s > 0$ で置き換えて $x_j s_j = 0$ を $x_j s_j = \mu$ で置き換える。よって，式 (2.45) ～ (2.48) の代わりに，つぎの式を考察する。

$$XSe = \mu\mathbf{e} \tag{2.49}$$

$$Ax = b \tag{2.50}$$

$$A^\top y + s = c \tag{2.51}$$

$$x > 0, s > 0 \tag{2.52}$$

この式の解は，式 (2.45) ～ (2.48) の解と一致しないが，パラメータ μ を 0 に近づけるともとの式を表すので，解ももとの式の解に収束することが期待される。実際，式 (2.49) ～ (2.52) の解を $(x(\mu), y(\mu), s(\mu))$ とし，もとの方程式の解を $(\bar{x}, \bar{y}, \bar{s})$ とするとき

$$\lim_{\mu \to 0} (x(\mu), y(\mu), s(\mu)) = (\bar{x}, \bar{y}, \bar{s})$$

であることが証明されている（ここでは省略する）。

内点法の計算では，μ_k, $(x(k), y(k), s(k))$（簡単のため，$(x(\mu_k), y(\mu_k), s(\mu_k))$ の代わりに $x(k), y(k), s(k)$ と書く）を与えたときの式 (2.49) ～ (2.52) の近似解を求めて $(x(k+1), y(k+1), s(k+1))$ とし，さらにつぎの μ_{k+1} を作る。このとき

$$\mu_{k+1} < \mu_k, \quad \lim_{k \to \infty} \mu_k = 0$$

を満たし

$$\boldsymbol{x}(k+1) > \boldsymbol{0}, \ \boldsymbol{s}(k+1) > \boldsymbol{0}, \quad \lim_{\mu_k \to 0} (\boldsymbol{x}(k), \boldsymbol{y}(k), \boldsymbol{s}(k)) = (\bar{\boldsymbol{x}}, \bar{\boldsymbol{y}}, \bar{\boldsymbol{s}})$$

であるようにする。$\boldsymbol{x}(k) > \boldsymbol{0}, \ \boldsymbol{s}(k) > \boldsymbol{0}$,すなわち実行可能領域の内部に点があるため,内点法という。

μ_k を与えたときの近似解を求めるために,式 (2.49) ～ (2.52) を線形近似する。まず,つぎの式から $\Delta\boldsymbol{x}, \Delta\boldsymbol{y}, \Delta\boldsymbol{s}$ を求める。$(\boldsymbol{x}(k), \boldsymbol{y}(k), \boldsymbol{s}(k))$ とそれから定まる μ_k (後の (2.53), (2.54) 参照) が近似解として既に得られているとし,$X(k) = \mathrm{diag}(x_1(k), \ldots, x_n(k))$, $S(k) = \mathrm{diag}(s_1(k), \ldots, s_n(k))$ とおいている。

$$S(k)\Delta\boldsymbol{x} + X(k)\Delta\boldsymbol{s} = \mu_k \mathbf{e} - X(k)S(k)\mathbf{e}$$
$$A\Delta\boldsymbol{x} = \boldsymbol{b} - A\boldsymbol{x}(k)$$
$$A^\top \Delta\boldsymbol{y} + \Delta\boldsymbol{s} = \boldsymbol{c} - A^\top \boldsymbol{y}(k) - \boldsymbol{s}(k)$$

この方程式は $(\Delta\boldsymbol{x}, \Delta\boldsymbol{y}, \Delta\boldsymbol{s})$ について線形であり,係数行列は正則であることが示されるので,一意な解をもつ。

つぎに適当なステップ幅 $\lambda > 0$ を決めて

$$\begin{pmatrix} \boldsymbol{x}(k+1) \\ \boldsymbol{y}(k+1) \\ \boldsymbol{s}(k+1) \end{pmatrix} = \begin{pmatrix} \boldsymbol{x}(k) + \lambda\Delta\boldsymbol{x} \\ \boldsymbol{y}(k) + \lambda\Delta\boldsymbol{y} \\ \boldsymbol{s}(k) + \lambda\Delta\boldsymbol{s} \end{pmatrix}$$

とする。ステップ幅 λ は $\boldsymbol{x}(k+1) > 0$, $\boldsymbol{s}(k+1) > 0$ が満たされるように決める必要がある。例えば,可能な最大ステップ幅を

$$\lambda_{\max} = \max\{\lambda \mid \boldsymbol{x}(k) + \lambda\Delta\boldsymbol{x} \geqq \boldsymbol{0}, \ \boldsymbol{s}(k) + \lambda\Delta\boldsymbol{s} \geqq \boldsymbol{0}\}$$

とした上で,ある定数 $0 < \beta < 1$ について

$$\lambda = \beta \lambda_{\max}$$

とするなどの方法が用いられている。

さらに，μ_k とそれから計算された $(\boldsymbol{x}(k+1), \boldsymbol{y}(k+1), \boldsymbol{s}(k+1))$ から μ_{k+1} を定める方法として

$$\mu_{k+1} = \frac{\boldsymbol{x}(k+1)^{\top}\boldsymbol{s}(k+1)}{\mathrm{C}n} \qquad (\text{C は C} > 1 \text{ をみたす定数}) \qquad (2.53)$$

あるいは

$$\mu_{k+1} = \frac{\boldsymbol{x}(k+1)^{\top}\boldsymbol{s}(k+1)}{n^2} \qquad\qquad (2.54)$$

などが用いられている。

図 **2.2** は内点法とシンプレックス法の考え方を比較したものである。

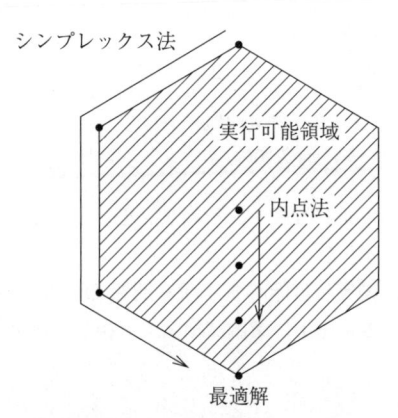

図 **2.2**　内点法とシンプレックス法の
考え方の比較

章　末　問　題

【1】　栄養問題を図的解法によって解け。
【2】　例 2.1 を行列形式で書け。
【3】　例 2.2 を行列形式で書け。

【4】 つぎの線形計画問題にスラック変数を導入して，シンプレックス法を適用し，最適解を求めよ。

(1) minimize $\quad z = -x_1 - x_2$
subject to $\quad 3x_1 + 2x_2 \leqq 12$
$\qquad\qquad\quad x_1 + 2x_2 \leqq 8$
$\qquad\qquad\quad x_1,\ x_2 \geqq 0$

(2) minimize $\quad z = -x_1 - 2x_2$
subject to $\quad 2x_1 + 6x_2 \leqq 27$
$\qquad\qquad\quad 8x_1 + 6x_2 \leqq 45$
$\qquad\qquad\quad 3x_1 + x_2 \leqq 15$
$\qquad\qquad\quad x_1,\ x_2 \geqq 0$

【5】 つぎの線形計画問題を 2 段階法によって解け。

minimize $\quad z = x_1 + x_2$
subject to $\quad 2x_1 + x_2 \geqq 12$
$\qquad\qquad\quad x_1 + 2x_2 \geqq 15$
$\qquad\qquad\quad x_1, x_2 \geqq 0$

【6】 栄養問題 D を標準形に変換し，その双対をとることによって，栄養問題 D の双対が生産計画問題 P であることを証明せよ。

【7】 生産計画問題 P の実行可能解 $\hat{x}$ と栄養問題 D の実行可能解 $\hat{y}$ の間に $c^\top \hat{x} \leqq \hat{y}^\top b$ が成り立つことを上の議論に従って直接的に証明せよ。

3 非線形計画法

一般には最適化問題

$$
\begin{aligned}
\text{minimize} \quad & f(\boldsymbol{x}) \qquad (\text{または maximize} \quad f(\boldsymbol{x})) \\
\text{subject to} \quad & g_i(\boldsymbol{x}) \leqq 0 \qquad (i = 1, \ldots, m) \\
& h_j(\boldsymbol{x}) = 0 \qquad (j = 1, \ldots, \ell)
\end{aligned}
$$

において目的関数や制約条件は線形ではない。非線形問題を扱う手法はかなり限られたものとなるが，それらのなかで深く考察されているのは，凸関数である。ここでは，まず，凸集合と凸関数について述べよう。

3.1 凸集合と凸関数

定義 3.1 （凸集合） $\Re^n$ の部分集合 S $(S \subseteq \Re^n)$ は，任意の $\boldsymbol{x}, \boldsymbol{y} \in S$ および任意の $0 \leqq \lambda \leqq 1$ に対して

$$
\lambda \boldsymbol{x} + (1 - \lambda)\boldsymbol{y} \in S
$$

が成り立つとき，**凸集合**（convex set）であると呼ばれる。

記号で書くと

$$
S \text{ が凸集合} \overset{\text{def}}{\Longleftrightarrow} \forall \boldsymbol{x}, \ \boldsymbol{y} \in S, \ \forall \lambda \in [0,1], \ \lambda \boldsymbol{x} + (1 - \lambda)\boldsymbol{y} \in S
$$

幾何学的には，S に含まれる任意の 2 点に対して，それらをむすぶ線分が S に含まれることをいう。

ここで，凸集合の例をいくつか見てみよう。

例 3.1

(1) 任意の $a \in \Re^n$ について $\{a\}$ は凸集合。

(2) $\Re^n$ の超平面

$$H(a, \alpha) = \{x \in \Re^n \mid a^\top x = \alpha\}$$

は凸集合。ここで，$a \in \Re^n$, $\alpha \in \Re$ は与えられたベクトルとスカラー。

(3) 開球 $B(z; r) = \{x \in \Re^n \mid \|x - z\| < r\}$ および閉球 $\bar{B}(z; r) = \{x \in \Re^n \mid \|x - z\| \le r\}$ は凸集合。

(4) 開区間と閉区間は凸集合。

(5) S_1, S_2 が凸集合ならば，$S_1 \cap S_2$ も凸集合。これに対して，$S_1 \cup S_2$ は凸集合とは限らない。

(6) S_1, S_2 が凸集合ならば

$$S_1 + S_2 = \{x + y \mid x \in S_1, y \in S_2\}$$

も凸集合。

凸集合を用いて凸包を定義する。

定義 3.2 （凸包）　$\Re^n$ の部分集合 S $(S \subseteq \Re^n)$ に対して，S を含むすべての凸集合の共通部分を $Co(S)$ と書き，S の**凸包** （convex hull）と呼ぶ。

凸包は，集合の凹んだ部分を埋めて均し，凹みを亡くしたもの，というイメージである。これから，S が凸集合 $\Leftrightarrow$ $Co(S) = S$ であることもすぐにわかる。

つぎに，非線形計画法で最も重要な概念の一つである凸関数と凹関数について定義しよう。

定義 3.3　（凸関数）　$S \subseteq \Re^n$ を凸集合とする。S で定義された実数値関数 $f(\boldsymbol{x})$ は任意の $\boldsymbol{x}, \boldsymbol{y} \in S$ および任意の $0 \leqq \lambda \leqq 1$ に対して

$$f(\lambda\boldsymbol{x} + (1 - \lambda)\boldsymbol{y}) \leqq \lambda f(\boldsymbol{x}) + (1 - \lambda)f(\boldsymbol{y})$$

が成り立つならば，**凸関数**（convex function）であると呼ばれる。

また，任意の $\boldsymbol{x}, \boldsymbol{y} \in S, \boldsymbol{x} \neq \boldsymbol{y}$, および任意の $0 < \lambda < 1$ に対して

$$f(\lambda\boldsymbol{x} + (1 - \lambda)\boldsymbol{y}) < \lambda f(\boldsymbol{x}) + (1 - \lambda)f(\boldsymbol{y})$$

が成り立つならば，**狭義凸関数**（strictly convex function）であると呼ばれる。

定義 3.4　（凹関数）　$S \subseteq \Re^n$ を凸集合とする。S で定義された実数値関数 $f(x)$ は任意の $\boldsymbol{x}, \boldsymbol{y} \in S$ および任意の $0 \leqq \lambda \leqq 1$ に対して

$$f(\lambda\boldsymbol{x} + (1 - \lambda)\boldsymbol{y}) \geqq \lambda f(\boldsymbol{x}) + (1 - \lambda)f(\boldsymbol{y})$$

が成り立つならば，**凹関数**（concave function）であると呼ばれる。

また，任意の $\boldsymbol{x}, \boldsymbol{y} \in S, \boldsymbol{x} \neq \boldsymbol{y}$, および任意の $0 < \lambda < 1$ に対して

$$f(\lambda\boldsymbol{x} + (1 - \lambda)\boldsymbol{y}) > \lambda f(\boldsymbol{x}) + (1 - \lambda)f(\boldsymbol{y})$$

が成り立つならば，**狭義凹関数**（strictly concave function）であると呼ばれる。

凸関数は，「下に凸の関数」，凹関数は「上に凸の関数」ともいわれる。明らかに，$f(x)$ が凸関数 $\Leftrightarrow$ $-f(x)$ が凹関数なので，凸関数だけを論じることにしてよい。

凸集合と関連のある概念にエピグラフがある。

定義 3.5 （エピグラフ） $f : S \to \Re$ に対して，次式で表される $\Re^{n+1}$ の部分集合 epi(f)：

$$\mathrm{epi}(f) = \{(\boldsymbol{x}, \alpha) \mid \alpha \geqq f(\boldsymbol{x}),\ \alpha \in \Re,\ \boldsymbol{x} \in S\}$$

を f の**エピグラフ**（epigraph）という。

エピグラフの例を図 **3.1** に示す。

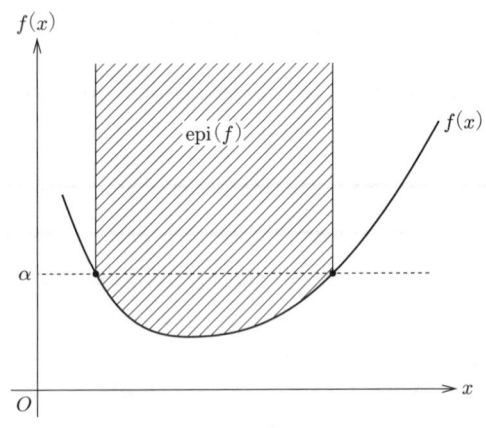

図 **3.1**　エピグラフ

エピグラフと凸集合の関連を示すものして，つぎの定理は重要である。

定理 3.1　$f(\boldsymbol{x})$ が凸関数であることの必要十分条件は epi(f) が凸集合であることである。

証明　まず必要性を示そう。$(\boldsymbol{x}, \alpha), (\boldsymbol{y}, \beta) \in \mathrm{epi}(f)$ と仮定すると，$\alpha \geqq f(\boldsymbol{x})$，$\beta \geqq f(\boldsymbol{y})$。$f$：凸の仮定から

$$
\begin{aligned}
f(\lambda \boldsymbol{x} + (1 - \lambda)\boldsymbol{y}) &\leqq \lambda f(\boldsymbol{x} + (1 - \lambda)f(\boldsymbol{y}) \\
&\leqq \lambda \alpha + (1 - \lambda)\beta
\end{aligned}
\tag{3.1}
$$

よって

$$\lambda(\boldsymbol{x}, \alpha) + (1 - \lambda)(\boldsymbol{y}, \beta) \in \text{epi}(f) \tag{3.2}$$

以上より，$\text{epi}(f)$ は凸である。

つぎに十分性を示そう。式 (3.2) を仮定してよい。式 (3.2) は $f(\lambda\boldsymbol{x}+(1-\lambda)\boldsymbol{y}) \leqq \lambda\alpha + (1 - \lambda)\beta$ と等価なので，式 (3.1) において $\alpha = f(\boldsymbol{x})$, $\beta = f(\boldsymbol{y})$ と選べば，$f(\boldsymbol{x})$ が凸関数であることがわかる。 □

3.2 最適化における凸関数の意義

3.1 節で定義した凸集合や凸関数が最適化にどう関わっていくかみていこう。制約のない問題

$$\min_{x \in S} f(\boldsymbol{x})$$

を考える。ここで S は $\Re^n$ の凸集合である。そのとき，つぎの二つの定理 3.2 と定理 3.3 は非常に重要である。

定理 3.2 $f(\boldsymbol{x})$ は凸関数であると仮定する。このとき

1. $f(\boldsymbol{x})$ の局所最適解はすべて大域的最適解となる。

2. 大域的最適解を与える点の集合

$$M = \{\bar{\boldsymbol{x}} \in \Re^n \mid \bar{\boldsymbol{x}} = \arg\min_{\boldsymbol{x} \in S} f(\boldsymbol{x})\}$$

は凸集合である。

3. $f(\boldsymbol{x})$ が狭義凸ならば M は 1 点からなる。

4. 実数 α を任意にとるとき，$L_\alpha = \{\boldsymbol{x} \in \Re^n \mid f(\boldsymbol{x}) \leqq \alpha\}$ は凸集合である。

証明

1. $\bar{x}$ を大域的最適解，$\hat{x}$ を局所的最適解とし，$f(\bar{x}) < f(\hat{x})$ と仮定して矛盾を導く。

   局所的最適解の仮定より

   $$\exists \delta > 0, \ \forall x \in B(\hat{x}; \delta) \cap S, \ f(x) \geqq f(\hat{x}) \tag{3.3}$$

   ある $\lambda \in (0, 1)$ について

   $$x_\lambda = \lambda \hat{x} + (1 - \lambda)\bar{x} \in B(\hat{x}; \delta/2) \cap S$$

   とすることができる。このとき

   $$f(x_\lambda) = f(\lambda \hat{x} + (1 - \lambda)\bar{x}) \leqq \lambda f(\hat{x}) + (1 - \lambda)f(\bar{x}) < f(\hat{x})$$

   この式は式 (3.3) に矛盾する。よって，$f(\hat{x}) = f(\bar{x})$.

2. $\hat{x} \neq \bar{x}$ ならば，$\hat{x}$ と $\bar{x}$ を結ぶ線分上の点はすべて $f(\lambda \hat{x} + (1-\lambda)\bar{x}) = f(\bar{x})$ をみたすので，M は凸である。

3. $f(x)$ が狭義凸であると仮定する。$\bar{x} \neq \hat{x}$ なら，$x' = (\bar{x} + \hat{x})/2$ とおくと $f(x') < f(\bar{x})$ となり，$\bar{x}$ が大域的最適解であるという仮定に矛盾する。よって，M は 1 点からなる。

4. $f(\lambda x + (1 - \lambda)y) \leqq \lambda f(x) + (1 - \lambda)f(y) \leqq \lambda \alpha + (1 - \lambda)\alpha = \alpha$ より明らかである。

$\square$

定理 3.3　つぎの最適化問題

$$\text{minimize} \quad f(x) \quad (\text{または maximize} \quad f(x))$$
$$\text{subject to} \quad g_i(x) \leqq 0 \quad (i = 1, \ldots, m)$$

において $f(x)$ および $g_i(x)$ $(i = 1, \ldots, m)$ が $\Re$ で定義された凸関数であると仮定する。このとき，定理 3.2 の 1〜4 が成立する。

3.3 2 次 形 式

$Q = (q_{ij})$ を対称な n 次正方行列とする。すなわち，$q_{ij} = q_{ji}$ $(1 \le i, j \le n)$ である。

この節では

$$
\begin{aligned}
f(\boldsymbol{x}) &= \frac{1}{2} \boldsymbol{x}^\top Q \boldsymbol{x} + \mathbf{r}^\top \boldsymbol{x} + d \\
&= \frac{1}{2} \sum_{i,j=1}^{n} q_{ij} x_i x_j + \sum_{i=1}^{n} r_i x_i + d
\end{aligned}
\tag{3.4}
$$

と仮定する。すなわち，$f(\boldsymbol{x})$ は 2 次関数である。これを **2 次形式**（quadratic form）ともいう。

定理 3.4 関数 $f(\boldsymbol{x})$ は (3.4) で与えられるものとする。このとき，以下が成り立つ。

1. $f(\boldsymbol{x})$ が凸関数であるための必要十分条件は Q が非負定値であることである。

2. $f(\boldsymbol{x})$ が狭義凸関数であるための必要十分条件は Q が正定値であることである。

ここで，Q が非負定値であるとは，Q の固有値がすべて非負であることであり，Q が正定値であるとは，Q の固有値がすべて正であることである。

証明　「対称行列 Q は直交行列 T $(T^\top = T^{-1})$ によって対角化可能である」ことを用いる。すなわち

$$
TQT^\top = \begin{pmatrix} \lambda_1 & 0 & \cdots & 0 \\ 0 & \lambda_2 & \cdots & 0 \\ \vdots & \vdots & \ddots & \vdots \\ 0 & 0 & \cdots & \lambda_n \end{pmatrix}
$$

が成り立つ。ここで，$\lambda_i \geqq 0$ $(i = 1, \ldots, n)$ である。

簡単のため $f(x) = x^\top Q x$ と仮定するが，$f(x)$ が式 (3.4) で与えられる場合も
まったく同様に示すことができる。任意の x に対して $y = Tx$ とおくと

$$
\begin{aligned}
x^\top Q x &= x^\top T^\top T Q T^\top T x \\
&= y^\top T Q T^\top y \\
&= \lambda_1 y_1^2 + \lambda_2 y_2^2 + \cdots + \lambda_n y_n^2 = \sum_{i=1}^n \lambda_i y_i^2
\end{aligned}
$$

よって，$0 \le \mu \le 1$ について

$$
\begin{aligned}
f(\mu x + (1-\mu)\tilde{x}) &= \sum_{i=1}^n \lambda_i (\mu y_i + (1-\mu)\tilde{y}_i)^2 \\
&\le \sum_{i=1}^n \lambda_i (\mu y_i^2 + (1-\mu)\tilde{y}_i^2) \\
&= \mu \sum_{i=1}^n \lambda_i y_i^2 + (1-\mu) \sum_{i=1}^n \lambda_i \tilde{y}_i^2 \\
&= \mu f(x) + (1-\mu)f(\tilde{x})
\end{aligned}
$$

すなわち $f(x)$ は凸である。狭義凸の場合も同様に示される。 □

3.4　微分可能な関数の最適性と凸性の判定条件

まず，微分可能性について最も重要な定義の一つを示そう。

定義 3.6　（C^p 級）$f : \Re^n \to \Re$ が p 回偏微分可能で偏導関数がすべて連続であるとき，$f(x)$ は C^p 級 (C^p class) であるという。

以下，最適性や凸性に関するいくつかの結果を述べる。

定理 3.5　$f(x)$ は C^1 級と仮定する。このとき，$\hat{x}$ が $f(x)$ の局所最適解ならば $\nabla f(\hat{x}) = 0$ である。

証明 $\nabla f(\hat{x}) \neq 0$ と仮定し

$$a^\top = -\frac{\nabla f(\hat{x})}{\|\nabla f(\hat{x})\|}$$

とおく。十分小さい ε に対して $x = \hat{x} + \varepsilon a$ とすると

$$f(x) - f(\hat{x}) = \nabla f(\hat{x} + \theta \varepsilon a)\varepsilon a < 0 \qquad (0 < \theta < 1)$$

なので，局所最適性に反する。 □

記法を簡単化するため

$$\nabla f(x) = \left(\frac{\partial f}{\partial x_1}, \ldots, \frac{\partial f}{\partial x_n} \right)$$

は行ベクトルと仮定する。また

$$\nabla^2 f(x) = \begin{pmatrix} \dfrac{\partial^2 f}{\partial x_1^2} & \cdots & \dfrac{\partial^2 f}{\partial x_1 \partial x_n} \\ \vdots & \ddots & \vdots \\ \dfrac{\partial^2 f}{\partial x_n \partial x_1} & \cdots & \dfrac{\partial^2 f}{\partial x_n^2} \end{pmatrix}$$

は f のヘッセ行列である。

定理 3.6 $f(x)$ は C^2 級で，$\nabla f(\hat{x}) = 0$，かつヘッセ行列 $\nabla^2 f(\hat{x})$ は正定値行列であると仮定する。このとき，$\hat{x}$ は孤立局所最適解である。すなわち，ある $\delta > 0$ があって，任意の $x \in B(\hat{x}; \delta)$, $x \neq \hat{x}$ に対して $f(x) > f(\hat{x})$ が成り立つ。

証明 $x = \hat{x} + \varepsilon h$ とおくと

$$f(x) = f(\hat{x}) + \frac{1}{2}\varepsilon^2 h^\top \nabla^2 f(\hat{x} + \theta \varepsilon h)h > f(\hat{x}) \qquad (0 < \theta < 1) \qquad \square$$

定理 3.7 $f(x)$ は C^1 級と仮定する。このとき，$f(x)$ が凸であることの必要十分条件は任意の $x, y \in \Re^n$ について

$$f(\boldsymbol{y}) \geqq f(\boldsymbol{x}) + \nabla f(\boldsymbol{x})(\boldsymbol{y} - \boldsymbol{x}) \tag{3.5}$$

となることである。

証明 まず必要性を示そう。$0 < \lambda < 1$ について

$$(1 - \lambda)f(\boldsymbol{x}) + \lambda f(\boldsymbol{y}) \geqq f(\boldsymbol{x} + \lambda(\boldsymbol{y} - \boldsymbol{x}))$$
$$= f(\boldsymbol{x}) + \nabla f(\boldsymbol{x} + \theta\lambda(\boldsymbol{y} - \boldsymbol{x}))\lambda(\boldsymbol{y} - \boldsymbol{x})$$

これから

$$f(\boldsymbol{y}) \geqq f(\boldsymbol{x}) + \nabla f(\boldsymbol{x} + \theta\lambda(\boldsymbol{y} - \boldsymbol{x}))(\boldsymbol{y} - \boldsymbol{x})$$

この式で $\lambda \to 0$ とすると式 (3.5) を得る。

つぎに十分性を示そう。$\boldsymbol{z} = \lambda\boldsymbol{x} + (1 - \lambda)\boldsymbol{y}$ とすると

$$\boldsymbol{z} - \boldsymbol{x} = (1 - \lambda)(\boldsymbol{y} - \boldsymbol{x})$$
$$\boldsymbol{y} - \boldsymbol{z} = \lambda(\boldsymbol{y} - \boldsymbol{x})$$

なので

$$f(\boldsymbol{x}) \geqq f(\boldsymbol{z}) + \nabla f(\boldsymbol{z})(\boldsymbol{x} - \boldsymbol{z}) = f(\boldsymbol{z}) + \nabla f(\boldsymbol{z})(1 - \lambda)(\boldsymbol{x} - \boldsymbol{y}) \tag{3.6}$$
$$f(\boldsymbol{y}) \geqq f(\boldsymbol{z}) + \nabla f(\boldsymbol{z})(\boldsymbol{y} - \boldsymbol{z}) = f(\boldsymbol{z}) + \nabla f(\boldsymbol{z})\lambda(\boldsymbol{y} - \boldsymbol{x}) \tag{3.7}$$

が成り立つ。式 (3.6) $\times \lambda$ ＋ 式 (3.7) $\times (1 - \lambda)$ より

$$\lambda f(\boldsymbol{x}) + (1 - \lambda)f(\boldsymbol{y}) \geqq f(\boldsymbol{z}) = f(\lambda\boldsymbol{x} + (1 - \lambda)\boldsymbol{y})$$

を得る。　　　　　　　　　　　　　　　　　　　　　　　　　　　　□

定理 3.8　$f(\boldsymbol{x})$ は C^2 級と仮定する。このとき，$f(\boldsymbol{x})$ が凸であることの必要十分条件は任意の $\boldsymbol{x} \in \Re^n$ についてヘッセ行列 $\nabla^2 f(\boldsymbol{x})$ が非負定値であることである。

証明

$$f(\boldsymbol{y}) = f(\boldsymbol{x}) + \nabla f(\boldsymbol{x})(\boldsymbol{y} - \boldsymbol{x}) + \frac{1}{2}(\boldsymbol{y} - \boldsymbol{x})^\top \nabla^2 f(\boldsymbol{x} + \theta(\boldsymbol{y} - \boldsymbol{x}))(\boldsymbol{y} - \boldsymbol{x})$$

に注意すれば十分性は定理 3.7 より明らかである。

必要性を証明するため，$\nabla^2 f(\boldsymbol{x})$ が非負定値でないと仮定する。このとき，ある $\boldsymbol{x}, \boldsymbol{z} \in \Re^n, \|\boldsymbol{z}\| = 1$ について $\boldsymbol{z}^\top \nabla^2 f(\boldsymbol{x}) \boldsymbol{z} < 0$ が満たされる。$\boldsymbol{y} = \boldsymbol{x} + \mu \boldsymbol{z}$ とおくと

$$f(\boldsymbol{y}) - \{f(\boldsymbol{x}) + \nabla f(\boldsymbol{x})(\boldsymbol{y} - \boldsymbol{x})\} = \frac{1}{2}\mu^2 \boldsymbol{z}^\top \nabla^2 f(\boldsymbol{x} + \theta(\boldsymbol{y} - \boldsymbol{x}))\boldsymbol{z} < 0$$

となるので，定理 3.7 より $f(x)$ は凸でない。 $\qquad\square$

3.5 制約のある問題における最適性の必要条件

この節では，$f : \Re^n \to \Re$ は C^1 級と仮定する。制約のない問題の場合，定理 3.5 から $\nabla f(\hat{\boldsymbol{x}}) = 0$ が $\hat{\boldsymbol{x}}$ が $f(\boldsymbol{x})$ の局所最適解であるための必要条件であった。

制約がある場合は，**ラグランジュの条件**（Lagrange conditions）と **KKT 条件**（Karush-Kuhn-Tucker conditions）が最適性の必要条件としてよく知られている。前者はラグランジュの乗数定理 3.9 の中で，後者はクーン・タッカーの定理 3.10 の中で示されている条件である。どちらも必要条件であり，十分条件ではないことに留意しよう。

まず，等式制約のみをもつ最適化問題

$$\begin{aligned}
&\text{minimize} \quad f(\boldsymbol{x}) \\
&\text{subject to} \quad h_j(\boldsymbol{x}) = 0 \qquad (j = 1, \ldots, \ell)
\end{aligned}$$

を考察する。これに対して，以下のラグランジュ関数 $L(\boldsymbol{x}, \lambda)$ を導入する。

$$L(\boldsymbol{x}, \lambda) = f(\boldsymbol{x}) + \sum_{j=1}^{\ell} \lambda_j h_j(\boldsymbol{x}) \tag{3.8}$$

$\lambda = (\lambda_1, \ldots, \lambda_\ell)$ は**ラグランジュ乗数**（Lagrange multiplier）と呼ばれる。

定理 3.9　（ラグランジュの乗数定理）　$\bar{\boldsymbol{x}}$ が上の最適化問題の最適解ならば，ある $\lambda = \bar{\lambda}$ が存在して

$$\left.\frac{\partial L}{\partial x_k}\right|_{\substack{x=\bar{x} \\ \lambda=\bar{\lambda}}} = 0 \qquad (k = 1, \ldots, n)$$

$$h_j(\bar{x}) = 0 \qquad (j = 1, \ldots, \ell)$$

が成立する。

ラグランジュの乗数定理 3.9 のイメージを図 **3.2**,図 **3.3** に示す。

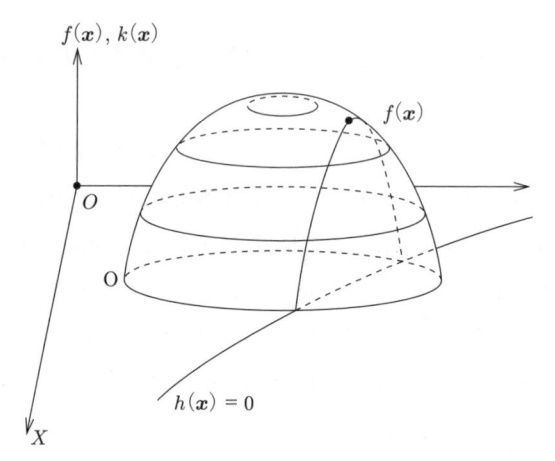

図 **3.2**　ラグランジュの乗数定理 3.9 のイメージ（俯瞰図）

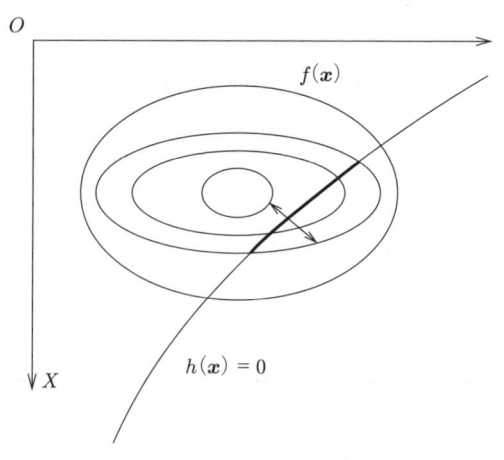

図 **3.3**　ラグランジュの乗数定理 3.9 のイメージ（等高図）

図 3.2, 図 3.3 の $f(\boldsymbol{x})$ を山と, 制約条件を登山路と考えればイメージがつかめる。滑らかな（断崖絶壁のない）山の登山路を歩いているとき, 登山路が水平になる場所があるはずである。体感的には, 上り下りの身体への負担がなくなり, 平地を歩いているような瞬間である。そこがまさに, 山の等高線の法線ベクトルと登山路の法線ベクトルが同じ（または完全に反対）になった場所である。このとき, 山の等高線と登山路の法線ベクトルの長さの割合が定理 3.9 の $\lambda = \bar{\lambda}$, つまりラグランジェ乗数で与えられることになる。そしてもし, 登山路に一番高い場所, すなわち最適解があるとすれば, それはこれらの場所のどこかであることは容易に想像がつく。これを数学的に示したものが定理 3.9 である。

ラグランジュの乗数定理 3.9 に従って, ラグランジュ乗数を用意し, ラグランジュ関数を導入することによって, 最適化問題の最適値を求める方法を**ラグランジュの未定乗数法**（the method of Lagrange multipliers）という。

つぎに, 不等式制約をもつ最適化問題

> minimize $\quad f(\boldsymbol{x})$
>
> subject to $\quad g_i(\boldsymbol{x}) \leqq 0 \qquad (i = 1, \ldots, m)$

を考える。これに対して先に定義した式 (3.8) と同じ形の関数を用いる。

$$\mathcal{L}(\boldsymbol{x}, \lambda) = f(\boldsymbol{x}) + \sum_{i=1}^{m} \lambda_i g_i(\boldsymbol{x})$$

定理 3.10　（クーン・タッカーの定理）　$\bar{\boldsymbol{x}}$ が上の最適化問題の最適解ならば, ある $\lambda = \bar{\lambda}$ が存在して

$$\left. \frac{\partial \mathcal{L}}{\partial x_k} \right|_{\substack{\boldsymbol{x} = \bar{\boldsymbol{x}} \\ \lambda = \bar{\lambda}}} = 0 \qquad (k = 1, \ldots, n)$$

$$g_i(\bar{\boldsymbol{x}}) \leqq 0, \ \bar{\lambda}_i \geqq 0, \ \bar{\lambda}_i g_i(\bar{\boldsymbol{x}}) = 0 \qquad (i = 1, \ldots, m)$$

が成立する。

ラグランジュの乗数定理とクーン・タッカーの定理の証明は省略する。

例題 3.1　ラグランジュの未定乗数法を用いてつぎの最適化問題の最適解を求めよ。

$$\text{minimize}\quad f(\boldsymbol{x}) = \frac{x_1^2}{4} + x_2^2 - \frac{x_1}{2} - 2x_2$$
$$\text{subject to}\quad h(\boldsymbol{x}) = x_1 + x_2 = 0$$

【解答】　ラグランジュ関数を

$$L(\boldsymbol{x}, \lambda) = f(\boldsymbol{x}) + \lambda h(\boldsymbol{x})$$
$$= \frac{x_1^2}{4} + x_2^2 - \frac{x_1}{2} - 2x_2 + \lambda(x_1 + x_2)$$

とする。

$$\frac{\partial L}{\partial x_1} = 0 \Rightarrow x_1 = 1 - 2\lambda$$
$$\frac{\partial L}{\partial x_2} = 0 \Rightarrow x_2 = 1 - \frac{\lambda}{2}$$

なので

$$x_1 + x_2 = 2 - \frac{5}{2}\lambda = 0$$

より

$$\lambda = \frac{4}{5}$$

よって

$$x_1 = -\frac{3}{5},\ x_2 = \frac{3}{5}$$

を得る。もとの目的関数は凸であり，この解は実際に最適解になっている。　　◇

3.6　非線形最適化のための計算法

この節では，非線形問題に対するいくつかの計算法を紹介する。

3.6.1 非線形方程式の近似解法

最適化問題そのものではないが，非線形方程式の近似解を求める方法はさまざまな面で非線形最適化に関連している。ここではニュートン法を紹介する。

（１） ニュートン法　　1 変数 $x \in \Re$ の関数 $f(x)$ が連続微分可能であると仮定する。

$$f(x) = 0 \tag{3.9}$$

の解を求める数値計算法として最もよく知られているのが**ニュートン法**（Newton's method）である。

ニュートン法の原理は線形近似に基づいている。すなわち，ある近似解 x_0 が与えられたとき，x_0 において式 (3.9) を線形近似し，近似による線形方程式の解をつぎの解 x_1 とする。これを繰り返すことによって，近似解を真の解に近づけようとする。

$y = f(x)$ の $x = x_0$ における線形近似は

$$y = f'(x_0)(x - x_0) + f(x_0)$$

なので，この式において $y = 0$ としたときの x を x_1 とすると

$$x_1 = x_0 - \frac{f(x_0)}{f'(x_0)}$$

ニュートン法のアルゴリズムをつぎに挙げる。

アルゴリズム 3.1 ニュートン法

1) 解の収束判定のためのパラメータ ε を設定する。初期解 $x = x_0$ を与え，$k = 0$ とする。

2) 以下により，x_{k+1} を計算する。

$$x_{k+1} = x_k - \frac{f(x_k)}{f'(x_k)} \tag{3.10}$$

3) 以下の収束判定条件：

$$\frac{\|x_{k+1} - x_k\|}{\|x_k\|} < \varepsilon$$

を満たせば終了。そうでなければ $k \leftarrow k+1$ として 1) に戻る。

アルゴリズム 3.1 の様子を図 **3.4** に示す。

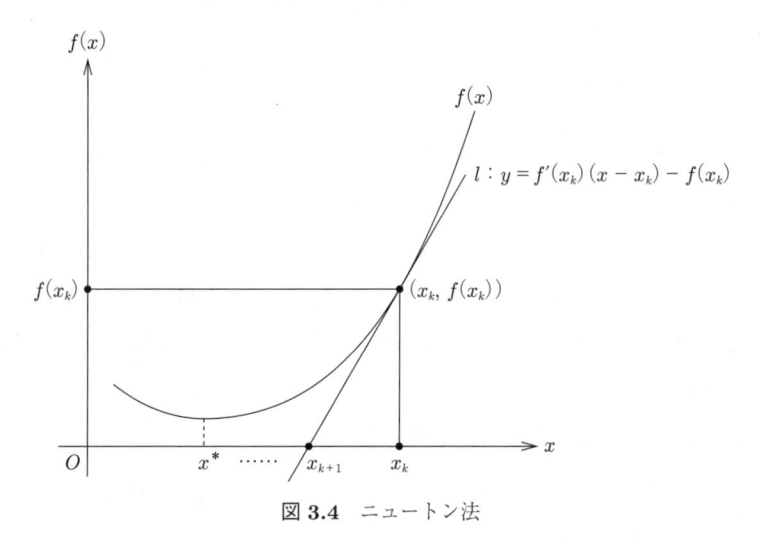

図 **3.4** ニュートン法

では，多変数関数の場合のニュートン法について考えてみよう。$\boldsymbol{x} = (x_1, \ldots, x_n)^{\top}$ に関する n 個の非線形連立方程式：

$$f_1(x_1, \cdots, x_n) = 0$$
$$f_2(x_1, \cdots, x_n) = 0$$
$$\vdots$$
$$f_n(x_1, \cdots, x_n) = 0$$

をまとめて

$$f(\boldsymbol{x}) = \boldsymbol{0}$$

と書く。また

$$\frac{\partial f}{\partial \boldsymbol{x}} = \begin{pmatrix} \dfrac{\partial f_1}{\partial x_1} & \cdots & \dfrac{\partial f_1}{\partial x_n} \\ \vdots & \ddots & \vdots \\ \dfrac{\partial f_n}{\partial x_1} & \cdots & \dfrac{\partial f_n}{\partial x_n} \end{pmatrix}$$

と定義する。このとき，ニュートン法のアルゴリズムとして式 (3.10) の代わりにつぎの式を用いればよい。

$$\boldsymbol{x}_{k+1} = \boldsymbol{x}_k - \left(\left. \frac{\partial f}{\partial \boldsymbol{x}} \right|_{\boldsymbol{x}_k} \right)^{-1} f(\boldsymbol{x}_k)$$

ただし，上の行列は正則であるものと仮定している。

（**2**）　**最適化への応用**　　制約のない最適化問題

$$\min_{\boldsymbol{x} \in \Re^n} f(\boldsymbol{x})$$

を考察する。このとき，必要条件 $\nabla f(\boldsymbol{x}) = \boldsymbol{0}$ にニュートン法を適用すれば

$$\boldsymbol{x}_{k+1} = \boldsymbol{x}_k - \left(\nabla^2 f(\boldsymbol{x}_k) \right)^{-1} \left(\nabla f(\boldsymbol{x}_k) \right)^{\top}$$

を繰り返し計算することになる。

ニュートン法の収束は速いが，初期値のとり方によっては収束しないこともあることに注意しよう。

3.6.2　区間縮小法による 1 次元探索

1 変数関数の最小値を求めるために，最適値が含まれている区間を逐次縮小していく**区間縮小法**（method of nested intervals）がよく用いられる。ここでは，黄金分割によるアルゴリズムを紹介する。

いま，$f(x)$ が**単峰性関数**（unimodal function），すなわち，以下を満たしているとする。

1. $\bar{x} = \arg\min_{x \in \Re} f(x)$ が定まる。
2. $x < \bar{x}$ では $f(x)$ は単調減少である。

3. $x > \bar{x}$ では $f(x)$ は単調増加である。

また，初期値 a, b が $\bar{x} \in [a, b]$ を含むように取られていると仮定する。

アルゴリズム 3.2 区間縮小法

1) 解の収束判定のためのパラメータ ε を設定する。初期値 $x_1, x_2 \in [a, b]$, $x_1 < x_2$ を与える。

2) $f(x_1) \leqq f(x_2)$ ならば，$\bar{x} \in [a, x_2]$ なので，$b \leftarrow x_2, x_2 \leftarrow x_1$ とし，x_1 を新たに決める。

3) $f(x_1) > f(x_2)$ ならば，$\bar{x} \in [x_1, b]$ なので，$a \leftarrow x_1, x_1 \leftarrow x_2$ とし，x_2 を新たに決める。

4) 以下の収束判定条件：

$$x_2 - x_1 < \varepsilon$$

を満たせば，最終的な $\bar{x}$ を

$$\bar{x} = \frac{a + b}{2}$$

として終了。そうでなければ 2) に戻る。

アルゴリズム 3.2 の様子を**図 3.5** および**図 3.6** に示す。

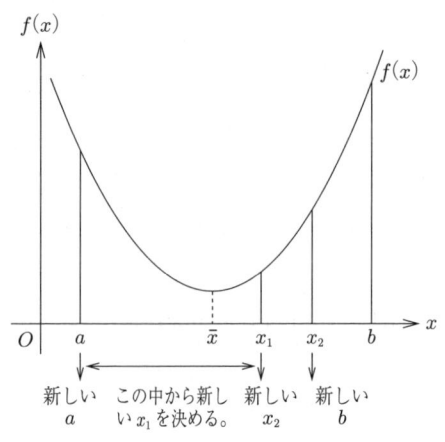

図 **3.5** 区間縮小法（アルゴリズム 3.2 ステップ 2)）

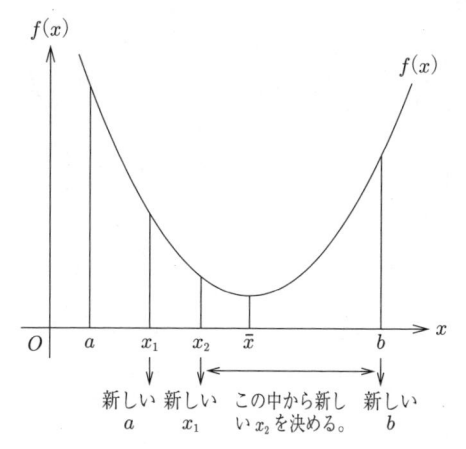

図 **3.6** 区間縮小法（アルゴリズム 3.2 ステップ 3)）

ここで，アルゴリズム 3.2 の 2) の新たな x_1，あるいはアルゴリズム 3.2 の 3) の新たな x_2 をどのように決めるかが問題となる。

有力な考え方として，区間が一定の比率で減少するようにすれば全体として区間縮小の効率がよいことに注意しよう。

$$\frac{x_2 - a}{b - a} = \frac{b - x_1}{b - a} = \frac{x_1 - a}{x_2 - a} = \frac{b - x_2}{b - x_1} = \tau$$

とおき，一般性を失うことなく，$[a, b] = [0, 1]$ とする。これは**図 3.7** のようになり，$\tau^2 + \tau = 1$ を得るので，これを解いて

$$\tau = \frac{\sqrt{5} - 1}{2} = 0.618$$

この値は黄金分割比として知られている。

これを用いると，アルゴリズム 3.2 の 2) では，新たな x_1 を $\hat{x}_1$ として

$$\hat{x}_1 = a + (b - a)(\tau - \tau^2) = a + (b - a)\tau^3$$

となる。アルゴリズム 3.2 の 3) でも同様に，新たな x_2 を $\hat{x}_2$ として

$$\hat{x}_2 = b - (b - a)\tau^3$$

と決めることができる。

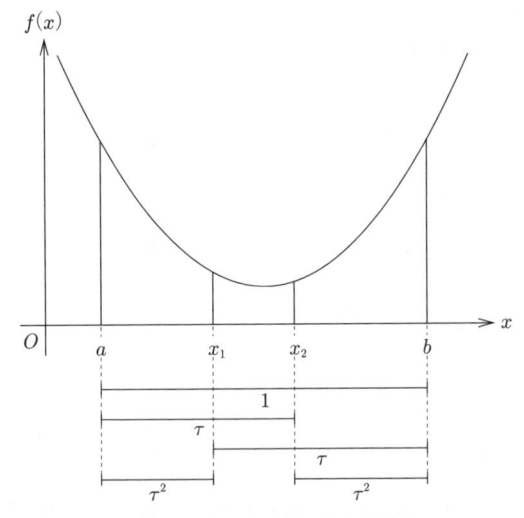

図 3.7　区間縮小法と黄金分割比

3.6.3　最 急 降 下 法

多変数の制約のない最小化問題について考察する。この節で述べる**最急降下法**（steepest descent method）は，効率はあまりよくないとされているが，単純なアイデアによっているため，応用範囲は広い。

$f(\boldsymbol{x})$ は $\boldsymbol{x} = (x_1, \ldots, x_n)^\top$ の関数，すなわち $f : \Re^n \to \Re$ と仮定し

$$\min_{\boldsymbol{x} \in \Re^n} f(\boldsymbol{x})$$

を考えるとき，最急降下法のアルゴリズムはつぎのアルゴリズム 3.3 となる。

アルゴリズム 3.3 最急降下法

1) 解の収束判定条件のためのパラメータ ε を設定する。初期解 $\boldsymbol{x} = \boldsymbol{x}_0$ を与え，$k = 0$ とする。

2) 探索方向 $\boldsymbol{d}_k$ を定める。

3) $\boldsymbol{x}_{k+1} \leftarrow \boldsymbol{x}_k + t_k \boldsymbol{d}_k$ とする。ここで t_k は以下で計算される。

$$t_k = \arg\min_{t \in \Re} f(\boldsymbol{x}_k + t\boldsymbol{d}_k)$$

4)　以下の収束判定条件：

$$\frac{\|\boldsymbol{x}_{k+1} - \boldsymbol{x}_k\|}{\|\boldsymbol{x}_k\|} < \varepsilon$$

を満たせば終了。そうでなければ $k \leftarrow k+1$ として 2) に戻る。

---

2) における探索方向は,

$$\boldsymbol{d}_k = -\nabla f(\boldsymbol{x}_k)^\top$$

と決められる。すなわち, 図 **3.8** のように, $f(\boldsymbol{x})$ が形成する等高線と垂直方向に探索を行う。また, 3) では, 例えば3.6.2項で示した区間縮小法による 1 次元探索の手法が使える。

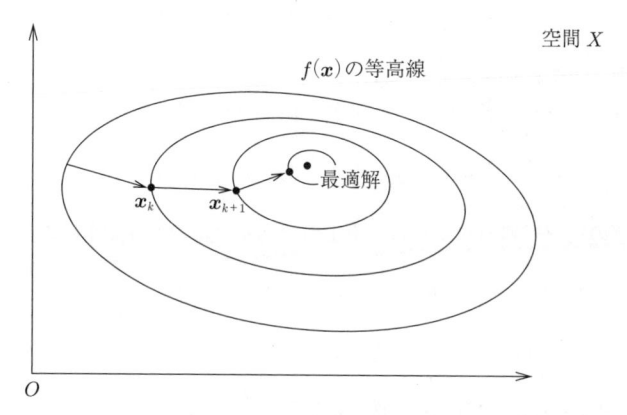

図 **3.8**　最急降下法

章　末　問　題

【**1**】　例 3.1 の (1) ～ (6) が成り立つことを証明せよ。

【**2**】　$a_1, a_2 \in \Re^n$, $a_1 \neq a_2$ とする。$\{a_1, a_2\}$ は凸集合でないことを示せ。

【**3**】　S を凸集合, α を実数とする。このとき

$$\alpha S = \{\alpha \boldsymbol{x} \mid \boldsymbol{x} \in S\}$$

は凸集合であることを示せ。

【4】 $f(x) = x^2$ $(x \in \Re)$ は凸関数であることを示せ。

【5】 $f(\boldsymbol{x}) = \|\boldsymbol{x}\|^2$ $(\boldsymbol{x} \in \Re^n)$ は凸関数であることを示せ。

【6】 (1) $f(x, y) = x^2 + y^2$ は凸関数であることを示せ。

    (2) $f(x, y) = x^2 - y^2$ は凸関数ではないことを示せ。

【7】 $f(\boldsymbol{x}) = \sum_{i=1}^{n} a_i x_i + b = a_1 x_1 + \cdots + a_n x_n + b$ は凸関数かつ凹関数であることを示せ。

【8】 凸集合 S で定義された関数 $f_1(\boldsymbol{x})$, $f_2(\boldsymbol{x})$ がともに凸のとき，以下を示せ。

    (1) $g(\boldsymbol{x}) = f_1(\boldsymbol{x}) + f_2(\boldsymbol{x})$ は凸関数である。

    (2) α を $\alpha > 0$ である実数とするとき，$h(\boldsymbol{x}) = \alpha f_i(\boldsymbol{x})$ $(i = 1, 2)$ は凸関数となる。

$$h(\lambda \boldsymbol{x} + (1 - \lambda)\boldsymbol{y}) \leqq \lambda \alpha f_i(\boldsymbol{x}) + (1 - \lambda)\alpha f_i(\boldsymbol{y})$$
$$= \lambda g(\boldsymbol{x}) + (1 - \lambda)g(\boldsymbol{y})$$

【9】 定理 3.3 を証明せよ。

【10】 つぎの式を行列形式で表し，非負定値かどうか調べよ。

$$f(\boldsymbol{x}) = x_1^2 + 3x_1 x_2 + 4x_2^2 - 5x_1 + x_2 + 10$$

【11】 つぎの式を行列形式で表し，正定値であるための条件を求めよ。

$$f(\boldsymbol{x}) = ax_1^2 + 2bx_1 x_2 + cx_2^2 + dx_1 + ex_2 + f$$

【12】 ラグランジュの未定乗数法を用いてつぎの最適化問題の最適解を求めよ。

minimize $\quad f(\boldsymbol{x}) = \dfrac{x_1^2}{a^2} + \dfrac{x_2^2}{b^2} + \dfrac{x_3^2}{c^2}$ $\quad (a > 0,\ b > 0,\ c > 0)$

subject to $\quad h(\boldsymbol{x}) = x_1 + x_2 + x_3 - 1 = 0$

【13】 不等式制約のある最適化問題

minimize $\quad f(x_1, x_2) = x_1^2 - 2x_1 x_2 + 4x_2^2$

subject to $\quad g(x_1, x_2) = 2x_1 + x_2 - \alpha \leqq 0$

をつぎの手順によって解け。

(1) ラグランジュ乗数 λ を用いてラグランジュ関数を書け。

(2) $\lambda = 0$ として，最適解を求めよ。このとき，定数 α の範囲はどうなるか。

(3) $\lambda > 0$ として，最適解を求めよ。このとき，定数 α の範囲はどうなるか。

4 組合せ最適化問題

これまで扱ってきた最適化問題

$$\text{minimize} \quad f(\boldsymbol{x}) \qquad (\text{または maximize} \quad f(\boldsymbol{x}))$$
$$\text{subject to} \quad g_i(\boldsymbol{x}) \leqq 0 \qquad (i = 1, \ldots, m)$$
$$h_j(\boldsymbol{x}) = 0 \qquad (j = 1, \ldots, \ell)$$

では，変数 x_i $(i = 1, \ldots, n)$ は実数値をとると仮定されていた。ところが，組合せ最適化問題では，「変数は整数値をとる」というように制約を受け，連続的に変化することはできない。

まず，二つの代表的な組合せ最適化問題を挙げよう。

例題 4.1（**ナップザック問題**（以下 N とする））　シンドバッドは宝物殿にはいり，なんでも好きなものをもっていってよいということになった。宝物にはすべて値札と重さが示されている。シンドバッドはナップザックに宝物を詰めていこうと思うが，総重量の制限があって，制限以上には持ち出せない。

宝物を $1, \ldots, n$ とし，それぞれの価値を $c_1, \ldots, c_n$，重さを $d_1, \ldots, d_n$（キロ）とする。重量制限は b（キロ）以下とする。$x_i = 1$ を宝物 i を詰めて持ち出すこと，$x_i = 0$ は宝物 i を持ち出さないことに相当するとする。このとき，問題は明らかにつぎの形に定式化される。

$$\text{maximize} \quad \sum_{i=1}^{n} c_i x_i$$

$$\text{subject to } \sum_{i=1}^{n} d_i x_i \leqq b$$

$$x_i = 1 \text{ or } x_i = 0 \qquad (i = 1, \ldots, n)$$

なお，上の問題を許容集合

$$M_N = \{\boldsymbol{x} = (x_1, \ldots, x_n) \mid x_i \in \{0,1\}, \ i = 1, \ldots, n, \ \sum_{i=1}^{n} d_i x_i \leqq b\}$$

を用いて書くとつぎのように書ける。

$$\max_{\boldsymbol{x} \in M_N} \sum_{i=1}^{n} c_i x_i$$

例題 4.2 （巡回セールスマン問題（以下 T とする）） あるセールスマン
が都市 $1, 2, \ldots, n$ をセールスのためにすべて巡回して元の都市に戻るこ
とを命ぜられた。なるべく効率よく巡回するため，コストを最小にしたい
（あるいは時間最小，総旅行距離最小でもよい）。都市 i から都市 j に行く
際のコストは $d(i,j)$ で与えられるものとする $(1 \leqq i, j \leqq n)$。

いま

$$M_T = \{(i_1, \ldots, i_n) \mid (i_1, \ldots, i_n) \text{ は } (1, 2, \ldots, n) \text{ の任意の順列}\}$$

とおくと，巡回の際のコスト最小化問題は

$$\min_{(i_1, \ldots, i_n) \in M_T} d(i_1, i_2) + \cdots + d(i_{n-1}, i_n) + d(i_n, i_1)$$

と書くことができる。

　これら二つの問題には，「目に見える」違いと「目に見えない」共通点がある。
まず，「目に見える」違いとは，巡回セールスマン問題は，都市のネットワーク
の上で定義されるものであるのに対し，ナップザック問題はそうではなく，純
粋にとるかとらないかの問であることである。ここでは，前者を「重み付きグ

ラフ」上の問題の一種ととらえる。重み付きグラフ上の問題には，ほかに重要なものがいくつかあり，以下では，最短路問題と最小木問題を述べる。

　「目に見えない」共通点とは，これら二つの問題が一見簡単であるようにみえるにもかかわらず，じつは効率のよい計算法がありそうにない問題（NP 困難あるいは NP 完全問題）であることである。NP 完全性の議論自体，多くの記述を要し，本書では補足としてその概略を述べるだけであるが，効率がよい解法がありそうにないということは，なんらかの近似解法が必要であるという意味でもある。そこで，本章では，メタ戦略と呼ばれるいくつかの近似解法について以下に述べる。同時に例題 4.1，4.2 の解答ともなっているので，本章の学習後に改めて見直してほしい。

4.1　重み付きグラフ

　グラフに関わる用語として，ここで用いる最低限度のものを述べておこう。

　グラフ G は，**頂点**（vertex）の有限集合 $V = (v_1, \ldots, v_p)$ と頂点間の**辺**（edge）の集合 E の対 $G = (V, E)$ からなる。辺の集合 E は二つの頂点を結ぶため，$u, v \in V$ に対して順序対 (u, v) の形で表されるが，無向辺を表すため，(u, v) が辺ならば逆向きの (v, u) も辺であると仮定する。このとき，辺は (u, v) ではなく，むしろ順序なし対 $\{u, v\}$ と表すほうがより適切である。また記号を簡単化するため，$\{u, v\}$ の代わりに uv と書くことにする。よって $uv = vu$ である。これらのことから，ここでは辺の記号として $\{u, v\}$ あるいは uv （$u, v \in V$）と書く。また，$e \in E$ と直接的に辺 e という記号も用いる。なお，同じ頂点を結ぶ辺 uu （ループと呼ぶことがある）は簡単のため存在しないものと仮定しておく。$uv \in E$ のとき，v は u に**隣接**（adjacent）するという。u と v を取り替えても同じことが成立つ。また，$|V|$ を V の要素数とするとき，$p = |V|$ をグラフ G の**オーダー**（order）と呼ぶ。$q = |E|$ はグラフ G の**サイズ**（size）と呼ばれる。

　さらに，必要に応じて，重み付きグラフ G の頂点集合を $V(G)$，辺の集合を

$E(G)$ と書くこともある。

二つのグラフ $G = (V, E)$, $G' = (V', E')$ に対して，$V' \subseteq V$ $E' \subseteq E$ のとき，G' は G の**部分グラフ**あるいは**サブグラフ**（subgraph）といい，$G' \subseteq G$ と表す。また，G を G' の**スーパーグラフ**（supergraph）と呼ぶこともある。関係 $\subseteq$ によって，頂点 V をもつすべてのグラフは半順序集合となる。

任意の 2 頂点 $u, v \in V$ について $uv \in E$ すなわちすべての頂点対を結ぶ辺が存在するとき，グラフは**完全グラフ**（complete graph）と呼ばれる。すべてのグラフは同じ頂点をもつ完全グラフの部分グラフである。頂点 V をもつ完全グラフは，先に述べた半順序集合における最大元となる。

$u, v \in V$ に対し，$u_i \in V$ $(i = 1, \ldots, l-1)$ があって，$u = u_0$, $v = u_l$ とおく時，$u_i u_{i+1} \in E$ $(i = 0, \ldots, l-1)$ ならば，u, v を結ぶ**歩道**または**ウォーク**（walk）があるといい，l を**ウォークの長さ**（length of walk）という。また，$u_i \neq u_j$ $(0 \leq i, j \leq l)$ ならば，u, v を結ぶ**パス**（path），あるいは $u\text{-}v$ パスがあるという。明らかに，ウォークがあれば，パスも存在し，パスの長さは同じ頂点どうしを結ぶウォークの長さのうち最小である。また，パスは部分グラフとみなすことができる。パス $u = u_0, u_1, \ldots, u_{l-1}, u_l = v$ において $u = v$ ならば，パスを特に**サイクル**（circle）という。なお，以下では，$u \neq v$ のときだけをパスということにする。

グラフ $G = (V, E)$ において任意の 2 頂点がウォーク（あるいはパス）で結ばれているならば，G は**連結**（connected）であるという。グラフ $G = (V, E)$ の部分グラフ $G' = (V', E')$ が連結で，かつ $G' \subset G''$ $(G \neq G''$ に注意$)$, $G'' \subseteq G$ を満たす連結な G'' が存在しないならば，G' は G の一つの**連結成分**（connected component）であるという。G 自身が連結ならば，明らかに G の連結成分は G そのものであるので，G が連結でない場合が想定されている。このとき，$V' \subset V$ $(V' \neq V)$ であることに注意しよう。

また，グラフ G が連結で，サイクルをもたないならば，このグラフ G は**木**あるいは**ツリー**（tree）であるという。グラフが木の場合，G の代わりに T のような記号を使う場合がある。

　以上は単に頂点をつなぐだけのグラフの記述であるが，ここでは辺に重みをつけることができるものとする。辺の重みを $w: E \to [0, +\infty)$ とする。すなわち，$w(uv)$ は辺 uv に付けられた重みを表す。重みの意味は，コストや時間を表すものとするが，特に断らない限り，重みとコストという用語を優先的に使用する。

　したがって，重み付きグラフは $(G, w) = (V, E, w)$ によって表される。一般に G は完全グラフではないが，w の値域を拡張して無限大 $+\infty$ を取り込み，$\tilde{w}: V \times V \to [0, +\infty]$ とすれば，G は完全グラフであるとみなしてもよい。このとき，$uv \in E$ ならば，$\tilde{w}(uv) = w(uv)$ とおき，$uv \notin E$ ならば，$\tilde{w}(uv) = +\infty$ とする。

　つぎに，効率よく解ける問題と，そのための代表的なアルゴリズムを述べよう。

4.1.1　最 短 路 問 題

　最短路問題（shortest path problem）は，与えられた重み付きグラフの頂点を地点，重みを移動に要する時間とみなし，ある地点からほかの地点へ最短時間で移動できるルートすなわちパスを求める問題である。なお，重みをコストとみなし，最小のコストでの移動ルートを求める問題と解釈してもよい。

　重み付きグラフ $(G, w) = (V, E, w)$ において，パス $u_0, u_1, \ldots, u_{l-1}, u_l$ の長さを

$$\sum_{k=1}^{l} w(u_{k-1}u_k) = w(u_0u_1) + \cdots + w(u_{l-1}u_l)$$

で定義する。さらに，任意の 2 頂点 $u, v \in V$ に対して u と v との距離を

$$d(u, v) = \{u \text{ と } v \text{ を結ぶパスの長さの最小値}\}$$

で定義する。この距離を与える u-v パス，すなわち u-v パスのうち最小の長さをもつものを u-v 最短路という。

　ダイクストラのアルゴリズムは，ある $u_0 \in V$ からほかのすべての頂点 v への最短路とその長さ $d(u_0, v)$ を決定する。このアルゴリズムでは，繰り返し計

算で, u からの最短路がわかった頂点を増やしていく。このために, 頂点 V をつぎの二つの集合

$$S = \{繰返し計算のある時点において\ u_0\ からの最短路がわかった頂点の集合\}$$

$$\bar{S} = \{u_0\ からの最短路がまだわかっていない頂点の集合\}$$

に分割する。

- はじめに $S = \{u_0\}$ とおき, 繰り返すごとに頂点を一つずつ増やし, $\bar{S} = \emptyset$ (空集合) となれば終了する。

- $S = \{u_0\}$ のとき, $\bar{S} = V - \{u_0\}$ のすべての頂点のなかで u_0 に最も近いもの

$$v_1 = \arg\min_{v \in \bar{S}} w(u_0 v)$$

  を探し, $d(u_0, v_1) = w(u_0 v_1)$, $S = \{u_0, v_1\}$, $\bar{S} = \bar{S} - \{v_1\}$ とする。

- S が 2 個以上の要素を含むとき, $\bar{S}$ の要素 v のなかで

$$\min_{u \in S}\{d(u_0, u) + w(uv)\} \tag{4.1}$$

  が最小となるものを探す。これを $\bar{u}$ とし, $S = S \cup \{\bar{u}\}$, $\bar{S} = \bar{S} - \{\bar{u}\}$ とする。

つぎに示すアルゴリズムにおいては, 各 $v \in V$ ($v \neq u_0$) は $(u, L(v))$ の形のラベルをもっている。アルゴリズムのステップ 2 の実行後

$$L(v) = \begin{cases} +\infty & (\forall u \in S\ (vu \notin E)) \tag{4.2a} \\ \min_{u \in S}\{d(u_0, u) + w(uv)\} & (そうでないとき) \tag{4.2b} \end{cases}$$

であり, 式 (4.2b) が成り立つとき, 右辺を最小にする $\bar{u}$ について $(\bar{u}, L(v))$ がラベルとなる。

アルゴリズム 4.1 最短路を求めるダイクストラのアルゴリズム

1) $i = 0$, $S_0 = \{u_0\}$, $\bar{S}_0 = V - S_0$, $L(u_0) = 0$, $L(v) = +\infty$, for all $v \neq u_0$ とおく。$p = |V| = 1$ ならば終了。そうでなければ 2) にいく。

2) すべての $v \in \bar{S}_i$ について

$$L(v) = \min\{L(v), L(u_i) + w(u_i v)\}$$

と置き換える。$L(v)$ の値が変わるとき、v のラベルを $(u_i, L(v))$ とする。

3) $L(v)$ の最小値をとる頂点を u_{i+1} とする。

$$u_{i+1} = \arg \min_{v \in \bar{S}_i} L(v).$$

4) $S_{i+1} = S_i \cup \{u_{i+1}\}$, $\bar{S}_{i+1} = \bar{S}_i - \{u_{i+1}\}$ と更新する。

5) $i = i + 1$ とする。$i = p - 1 = |V| - 1$ ならば終了。そうでなければ 2) に戻る。

命題 4.1　ダイクストラのアルゴリズムにより、u_0 からすべての $v \in V$ に対して最短距離が次式で求められる。

$$d(u_0, v) = L(v), \quad \forall v \in V$$

また、$v = w_l$, $(w_{i-1}, L(w_i))$ とラベル付けされているとき、u_0-v 最短路は

$$u_0 = w_0, w_1, \ldots, w_{l-1}, w_l = v$$

で与えられる。

証明　i に関する帰納法により、S_i が更新されるごとに

$$L(v) = d(u_0, v), \quad \forall v \in S_i \tag{4.3}$$

となることを示そう。$i = 0$ のときは明らかである。ある i について式 (4.3) が成立していると仮定する。このとき $L(u_{i+1}) = d(u_0, u_{i+1})$ を示せば、$i+1$ につい

ても式 (4.3) が成り立つとわかる。

$$L(u_{i+1}) = \min_{v \in \bar{S}_i} L(v) = \min_{v \in \bar{S}_i, u \in S_i} \{L(u) + w(uv)\}$$
$$= \min_{v \in \bar{S}_i, u \in S_i} \{d(u_0, u) + w(uv)\}$$

であるから，最後の式の最小値を実現する u を $\bar{u}$ とすると

$$L(u_{i+1}) = d(u_0, \bar{u}) + w(\bar{u}u_{i+1}) = d(u_0, u_{i+1})$$

となる。よって帰納法によりすべての $0 \leq i \leq p-1$ について (4.3) が成立し，命題の前半が示された。

命題の後半を示すため，アルゴリズムが終了したとき $v \neq u_0$ のラベルが $(v_1, L(v))$ であったとする。ラベルの定義から $L(v) = L(v_1) + w(v_1 v)$ である。また上に示したように $d(u_0, v) = d(u_0, v_1) + w(v_1 v)$ である。これは v_1 が u_0-v 最短路の一つ前の頂点であることを示している。v を v_1 に置き換えてこの議論を繰り返すと，最短路は

$$u_0 = v_l, v_{l-1}, \ldots, v_1, v$$

となり，v_i のラベルは $(v_{i+1}, L(v_i))$ となることがわかる。よって，後半が示された。 $\square$

例 4.1　図 4.1 の重み付きグラフについて u_0 から各頂点への最短路は以下のようにダイクストラ法によって計算される。なお，以下の番号はアルゴリズムの各ステップに対応している。

1) $i = 0$, $S_0 = \{u_0\}$, $L(u_0) = 0$, $L(v) = \infty$ for all $v \neq u_0$.

2) $L(v_1) = 1$, $(u_0, L(v_1))$, $L(v_2) = 5$, $(u_0, L(v_2))$.

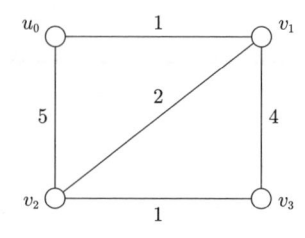

図 4.1　最短路計算のための例

3) min: $L(v_1) = 1$.

4) $S_0 = \{u_0, v_1\}$.

5) $i = 1$.

2) $L(v_2) = \min[5, 1+2] = 3 \quad (v_1, L(v_2))$
   $L(v_3) = 1 + 4 = 5 \quad (v_1, L(v_3))$

3) min: $L(v_2) = 3$.

4) $S_0 = \{u_0, v_1, v_2\}$.

5) $i = 2$.

2) $L(v_3) = \min[5, 3+1] = 4, \quad (v_2, L(v_3))$.

3) $L(v_3) = 4$.

4) $S_0 = \{u_0, v_1, v_2, v_3\}$.

5) $i = 3$, stop.

ダイクストラのアルゴリズムの計算量

　計算量あるいは計算複雑さの計り方にはいくつかの方法があるが，最も簡単なものは，問題のサイズを n とするとき，その計算量が $f(n) \leqq const.g(n)$ であることがわかったならば，$f(n) = O(g(n))$ と書く方法である。

　これを用いて，上記の最短路アルゴリズムの計算量を求めてみよう。まず，主ループの繰り返し回数は頂点数 p に対して $p-1$ 回である。また，ステップ 2 において，最小値を求めるために $|S|$ 回の探索が必要である。$|S|$ の要素が一つずつ変化することから全体ではおよそ $(1/2)p(p-1)$ 回の探索が必要となる。よって，計算量は $O(p^2)$ と求められる。

4.1.2 最 小 木 問 題

木とは，連結でサイクルをもたないグラフのことであった。重み付きグラフ $(G, w) = (V, E, w)$ において，グラフ G が連結であると仮定する。このとき，G の**最小スパニングツリー**（minimum spanning tree）あるいは略して**最小木**とは

- 木である G の部分グラフ T で頂点が $V(G) = V(T)$ （頂点集合が同じ）を満たすもののなかで
- その辺の重みの和が最小のもの

のことである。

いま，G の部分グラフかつ木で $V(G) = V(T)$ であるものの集合を $\mathcal{T}(G)$ とすると，$\mathcal{T}(G) \neq \emptyset$ である。なぜなら，G 自身が木ならば，$\mathcal{T}(G) = \{G\}$ だから，G はサイクルをもつと仮定すると，G のサイクルを一つ取り出し，そこから辺を一つ除去したグラフを G' とすると，G' も連結である。G' が木のときは $\mathcal{T}(G) \neq \emptyset$ であるが，木でないときは，G' からサイクルを取り出し，辺を除去することを繰り返せば，木が得られる。

よって，G が連結かつ木でないと仮定するとき，最小木は

$$\min_{T \in \mathcal{T}(G)} \sum_{e \in E(T)} w(e)$$

の解である。ここで，グラフ G について，辺の重みの総和を

$$W(G) = \sum_{e \in E(G)} w(e)$$

で定義すると，最小木は

$$\min_{T \in \mathcal{T}(G)} W(T)$$

の最適解である。

ここでは，クラスカルによる，最小木を求めるアルゴリズムについて述べよう。

アルゴリズム 4.2 クラスカルの最小木アルゴリズム

1) サブグラフ T を空にする $(T = \emptyset)$。

2) 解の候補 e として，これまでにとられていない辺で $w(e)$ が最小のもの
   を選ぶ。$E(T) = E(T) \cup \{e\}$ と追加したとき，T がサイクルをもつな
   らば，解の候補を取り直す。T がサイクルをもたないならば，辺を追加
   して 3) へ。

3) T がスパニングツリーになれば終了。そうでなければ 2) に戻る。

上記アルゴリズムには，サイクルを検出する方法やスパニングツリーの判定
法など詳細な点にあいまいさがある。そこで，このアルゴリズムを頂点と辺の
両方を用いた形に変形しよう。

アルゴリズム 4.3 クラスカルのアルゴリズム（変形版）

G を連結グラフ，$V(G) = \{v_1, \ldots, v_p\}$ とする。

1) $i = 1, E_0 = \emptyset, \bar{E}_0 = E(G), \mathcal{V} = \{\{v_1\}, \ldots, \{v_p\}\}$ とする。

2) $\bar{E}_{i-1}$ に属する辺で重み最小のものを探し，$e = uv$ とする。u と v が $\mathcal{V}$ の
   異なる集合 V' と V'' に属しているならば，$\mathcal{V}$ の要素 V' と V'' を $V' \cup V''$
   で置き換え，$E_i = E_{i-1} \cup \{e\}$ とする。（u と v が $\mathcal{V}$ の同じ集合にはいっ
   ているならば何もしない。）$\mathcal{V}$ がただ一つの要素から成り立っているなら
   ば終了する。

3) $\bar{E}_i = \bar{E}_{i-1} - \{e\}, i = i + 1$ とする。2) に戻る。

命題 4.2 クラスカルのアルゴリズム（変形版）は最小木を出力する。

証明 サイクルを含まないが，必ずしも連結ではないグラフをフォレストと呼
ぶ。そこで，アルゴリズムの各段階において，$\mathcal{V}$ の各要素を連結成分（の頂点）と
し，辺の重みの和が最小であるフォレストが得られていることを示そう。

まず，各要素が連結成分であることは帰納的に明らかであり，フォレストであ
ることも，初期値がフォレストであり，フォレストがただ一つの辺で連結される

ということから帰納法により直ちに示される。

また，辺の重みの和が最小であることは，重みが最も小さい辺から順に各要素が連結されていくことからわかる。

アルゴリズムが終了するとき，連結成分が一つになるから，フォレストは木になり，上記より最小木が得られる。　　　　　　　　　　　　　　　　□

例 4.2　図 4.2 の重み付きグラフについてクラスカルのアルゴリズムはつぎのように実行される。

1) $i = 1$, $\mathcal{V} = \{\{v_1\}, \ldots, \{v_5\}\}$, $E_0 = \emptyset$, $\bar{E}_0 = E$.

2) $e = v_1 v_3$（重み最小のものを $\bar{E}_{i-1}$ からとっていく），$\mathcal{V} = \{\{v_1, v_3\}, \{v_2\}, \{v_4\}, \{v_5\}\}$, $E_1 = \{v_1 v_3\}$.

3) $\bar{E}_1 = \{v_1 v_2, v_1 v_4, v_1 v_5, v_2 v_4, v_3 v_5, v_4 v_5\}$, $i = 2$.

2) $e = v_2 v_4$, $\mathcal{V} = \{\{v_1, v_3\}, \{v_2, v_4\}, \{v_5\}\}$, $E_2 = \{v_1 v_3, v_2 v_4\}$.

3) $\bar{E}_2 = \{v_1 v_2, v_1 v_4, v_1 v_5, v_3 v_5, v_4 v_5\}$, $i = 3$.

2) $e = v_1 v_5$, $\mathcal{V} = \{\{v_1, v_3, v_5\}, \{v_2, v_4\}\}$, $E_3 = \{v_1 v_3, v_2 v_4, v_1 v_5\}$.

3) $\bar{E}_3 = \{v_1 v_2, v_1 v_4, v_3 v_5, v_4 v_5\}$, $i = 4$.

2) $e = v_3 v_5$, $\mathcal{V}$ は不変，$E_4 = E_3$.

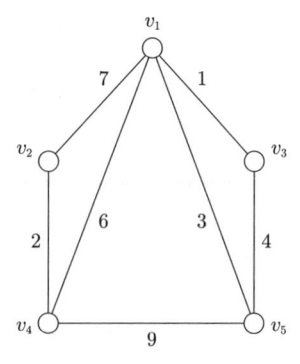

図 4.2　最小木計算のための例

3) $\bar{E}_4 = \{v_1v_2, v_1v_4, v_4v_5\}$, $i = 5$.

2) $e = v_1v_4$, $\mathcal{V} = \{\{v_1, v_2, v_3, v_4, v_5\}\}$, $E_5 = \{v_1v_3, v_1v_4, v_2v_4, v_1v_5\}$,
stop.

クラスカルのアルゴリズムの計算量

最小木アルゴリズムの計算量を求めよう．辺を重み最小のものから順に取っていくためには，辺とその重みのレコードをソーティングする必要がある．効率のよいヒープソートやクイックソートによれば，ソーティングの計算量は $q = |E(G)|$ とするとき $O(q \log q)$ である．つぎに，ソーティングの後の繰り返し回数は辺の数 q に等しい．したがって，全体での計算量は $O(q \log q)$ となることがわかる．

4.1.3　アルゴリズムの考え方

上に述べた最短路アルゴリズムと最小木アルゴリズムには，それぞれ一般的な考え方が含まれていて，それらの考え方を利用して他の問題に対するアルゴリズムを開発することができる．

まず，最短路問題において，ある最短路の部分パスをとってみると，それも部分的な最短路であるという性質がみられる．このように，ある最適解の一部分は部分的な最適解であるような場合，その性質を用いて最適解を求めるアプローチを**ダイナミックプログラミング**（dynamic programming）といい，さまざまな最適化アルゴリズムに用いられている．上記最短路アルゴリズムでは，式 (4.1) において $d(u_0, u)$ という部分最短路が利用されている．

最小木アルゴリズムでは，すべての辺の集合を作っておいて，重みの小さいものから順に取り出して最小木の辺として採用するか捨てるかを決め，一度取り出した辺をもとにもどすことはない．つまり取り出す操作は一方向である．このように，一方向に進み，元に戻さないアルゴリズムを**グリーディアルゴリズム**といい，やはり多くの問題で利用される．

最短路問題と最小木問題について，計算量がそれぞれ $O(p^2)$ や $O(q \log q)$ であるアルゴリズムを述べた。このように問題のサイズを N とするとき，N とは独立のある自然数 l に対して，計算量が $O(N^l)$ のアルゴリズムがある場合，問題は多項式オーダーであると呼ばれる。上記二つの問題についてはこのように効率のよい解法が存在する。

これに対して，同じグラフ上の問題でも，巡回セールスマン問題では事情が異なる。仮にある頂点から出発して，総当たりですべての経路を調べたとすると，都市数（頂点数）が p のとき，$(p-1)!/2$ の回数が必要で，p の増加とともに，急速に組合せの数は増大する。またグラフ上の問題ではないが，ナップザック問題では，品物の個数を n とするとき，総当たりでは 2^n の組合せを調べる必要がある。

このことは上に述べたダイナミックプログラミングやグリーディアルゴリズムを巡回セールスマン問題やナップザック問題に適用しても最適解は得られないことを意味している。巡回セールスマン問題では，サイクルの一部分は巡回しているわけではない。また，巡回セールスマン問題でグリーディにコストの低い都市を選んで進んでいったとしても，最後に大変大きなコストがかかることがある。

巡回セールスマン問題とナップザック問題は，NP 困難あるいは NP 完全問題として知られている。

NP 完全問題は，総当たり探索よりも効率がよいと保証される解法が存在しないと考えられている問題のクラスである。NP 完全問題については，後の補足を参照されたい。

4.2 発見的解法とメタ戦略

上に述べた NP 完全問題については，厳密な最適解を求める手法としては複雑な手続き（分枝限定法など）のみが知られており，しかも効果的でないことも多い。そこで，ここでは厳密な解法は省略し，発見的（ヒューリスティック）

解法，すなわち厳密な意味で必ず最適解を与える保証はないが，多くの場合良好な解を見出す方法を述べる。ヒューリスティック解法の代表として，グリーディアルゴリズム（貪欲算法）およびメタ戦略について述べよう。

4.2.1 グリーディアルゴリズム

グリーディアルゴリズム，または**貪欲算法**（greedy algorithm）は，多くの問題に適用できる単純な解法として最もわかりやすいものの一つである。ただし，グリーディアルゴリズムによる解は，ほかのよりこみいった解法に比べて，優ることは少ないと考えられる。しかしながら，複雑な問題については，まずためしてみることのできる解法の一つがグリーディアルゴリズムであるので，一般的な有用性は大きい。

アルゴリズム 4.4 一般的なグリーディアルゴリズム

1) 選ばれた解のリスト L を空にする（$L = \emptyset$）。
2) 解の候補 s を選ぶ。
3) L に s を追加したとき，制約条件が満たされなければ終了。制約条件が満たされるならば，L に s を追加して 2) に戻る。

このアルゴリズムは，完全ではない。2) でどのように解の候補 s を選ぶかについては具体的な問題が与えられたとき，それに応じて考える必要がある。また，解の候補 s を選ぶ方法についても，自由度がある。

例 4.3（N） 解の候補 x_i を選ぶ方法として，それまで選んでいない宝物のなかで価値 c_i/d_i が最大のものを選ぶのが自然である。この場合，グリーディアルゴリズムとは，高価なものから順に袋に詰めていって，重量をこえる寸前でやめるというだけのことである。

例 4.4（最小木問題） グラフ $G = (V(G), E(G))$ において辺 $e \in E(G)$

に実数値 $m(e)$ が付いているとする。G の最小木 T で，$m(e)$ の値が最小になるものを求めるのが最小木問題である。先に述べたクラスカルのアルゴリズムは，グリーディアルゴリズムの一種である。

また，後の例にみられるように，グリーディアルゴリズムは，一つの定まったアルゴリズムというよりは，どんどん解を取り込んでいくという考え方を指している。

4.2.2　メ　タ　戦　略

一般に，発見的解法は個々の問題によって異なるべきであるが，多くの発見的手法に用いられる枠組みには共通なものがある。このような共通な枠組みとしての方法論を**メタヒューリスティック**（metaheuristic）あるいは**メタ戦略**（metastrategy）という。メタ戦略については最近多くの研究がなされている。

メタ戦略の代表的な方法として局所探索，模擬焼きなまし法，タブー探索，遺伝的アルゴリズムが知られている。また，最近ではこれらの方法を混合して用いる試みも行われている。以下では，これらの方法について簡単に紹介しよう。

このためにまず，近傍探索の概念について考察する必要がある。実ベクトル空間 $\Re^n$ の場合，$x \in \Re^n$ の近傍とは，x を中心とする開球あるいは閉球で定義され，x に近接した要素の全体という意味である。これに対して，組合せ最適化における $x \in M$ の近傍とは，ある種の近傍内操作によって x から移ることのできる要素 y の全体である。x の近傍を $N(x)$ と表すことにする。近傍内操作は問題によって異なる。

例 4.5　（N）　ナップザック問題では，$x = (x_1, \cdots, x_n)$ の近傍の要素 $x' = (x'_1, \cdots, x'_n)$ はある $i \in \{1, \ldots, n\}$ について $x_i = 1$ のとき $x'_i = 0$，$x_i = 1$ のとき $x'_i = 0$ と反転させ，$j \neq i$ なるすべての j について $x'_j = x_j$ としたものとする。このような要素全体の集合を $N(x)$ とする。

例 4.6 (T) 巡回セールスマン問題におけるある解を $x = (i_1, \cdots, i_n)$ とする。この順列の二つの要素 i_k, i_ℓ $(k < \ell)$ をとり,それらを交換したものを x' とする。すなわち

$$x = (i_1, \cdots, i_k, \cdots, i_\ell \cdots, i_n)$$
$$\downarrow$$
$$x' = (i_1, \cdots, i_\ell, \cdots, i_k \cdots, i_n)$$

この操作により x から移ることのできる x' の全体を近傍 $N(x)$ とする(この操作は数学の用語では**互換**(transposition)と呼ばれる)。

1章で述べた局所的最適解の概念は $N(x)$ を用いることによって組合せ最適化に適用することができる。すなわち,$\hat{x} \in M$ が目的関数 f の局所的最適解であるとは,任意の $x \in N(\hat{x}) \cap M$ に対して

$$f(\hat{x}) \leqq f(x)$$

を満たすことをいう。局所的最適解に対して,大域的最適解 $\bar{x}$ が

$$f(\bar{x}) \leqq f(x), \quad \text{for all} \quad x \in M$$

を意味することは明らかであろう。

4.2.3 メタ戦略の諸手法

(1) **局 所 探 索** まず,局所探索(local search)のアルゴリズムを掲げよう。

アルゴリズム 4.5 局所探索

1) 初期解 x を選ぶ。

2) 終了の条件が満たされるまで,3) を繰り返す。

3) $z_1, \ldots, z_r \in N(x)$ を選び,そのなかで最もよい解を

$$z_q = \arg \min_{\ell=1,\dots,r} f(z_\ell)$$

とする。$f(z_q) < f(x)$ ならば，$x = z_q$ とする。そうでなければ，近傍
内に現在の解よりよい解がないので終了する。

3) における $z_1, \dots, z_r$ は一般に $N(x)$ の要素をすべて取り尽くしていると
は限らないことに注意しよう。$N(x)$ から r 個の要素をランダムに選ぶ場合も
多い。

局所探索では，ある解 x の近傍にその解よりも優る解がないとき，探索はそ
こで停止する。このような場合，x は局所最適解である。このように局所探索
は局所最適解から脱出できないという欠点がある。この欠点を緩和するために，
いくつかの異なる初期解から出発して複数の局所最適解を求め，その中で最もよ
い解をとる方法がある。この方法は**マルチスタート局所探索**（multi-start local
search）と呼ばれる。

（**2**）　**模擬焼きなまし法**　　模擬焼きなまし法（simulated annealing）は局
所最適解からの脱出を確率のメカニズムを利用することによって行う。したがっ
て，アルゴリズムにおいて確率を利用するときは，乱数を用いる。脱出の確率
は目的関数の値と '温度' に対応するパラメータの指数関数で決定される。時間
が経過するにつれて温度は低くなり，それに従って脱出の確率も低くなる。つ
ぎのアルゴリズムでは，アルゴリズムの任意の時点においてそれまでに発見さ
れた最良の解を $\bar{x}$ で表す。また，$\gamma\ (0 < \gamma < 1)$ は温度の低下を制御するパラ
メータである。アルゴリズムは終端温度 t_T に達するまで繰り返される。

アルゴリズム 4.6 模擬焼きなまし法

1) 初期解 x と初期温度 t を設定し，$\bar{x} = x$ とする。

2) 3), 4) を $t \leqq t_T$ となるまで繰り返す。

3) 3)a), 3)b) を L 回繰り返す。

a) $z \in N(x)$ を選ぶ。

b) $f(z) \leqq f(x)$ ならば $x = z$ とし，さらに $f(x) < f(\bar{x})$ ならば $\bar{x} = x$ と

おく。$f(z) > f(x)$ ならば確率 $\exp\left(\dfrac{f(x) - f(z)}{t}\right)$ で $x = z$ とする。

4) $t = \gamma t$ とする。

（**3**）**タブー探索**　局所探索での問題点である局所最適性に対して，**タブー探索**（tabu search）では決定論的な解決を試みる。すなわちある解が局所最適解であったとしても，つねにそこから脱出する。脱出した後，もとの局所最適解に戻らないメカニズムが必要になる。タブー探索では，タブーリストと呼ばれる集合を設け，その中の解は禁止することによって同じ解を繰り返し探索することがないようにする。

つぎに述べる基本的なタブー探索のアルゴリズムでは，タブーリスト（タブー集合）T を用いている。

アルゴリズム 4.7 タブー探索

1) 初期解 x と初期タブーリスト T を設定する（$T = \emptyset$ としてよい）。$\tilde{x} = x$ とおく。

2) 3) を終了条件が満たされるまで繰り返す。

3) $N(x) - T = \emptyset$ のとき，終了条件が満たされているか調べる。満たされていなければ，T を更新する。$z_1, \ldots, z_r \in N(x) - T$ を選ぶ。

$$z_q = \arg \min_{\ell = 1, \ldots, r} f(z_\ell)$$

に対して $x = z_q$ とする。$f(\tilde{x}) \geq f(x)$ ならば，$\tilde{x} = x$ と最良解を更新する。T を更新する（T には現在の解より前の解がいくつか含まれるようにする）。

終了の条件としては，規定された回数より繰り返しが多いこと，最良解 $\tilde{x}$ が更新されなくなってからの繰り返しが一定回数より多いことなどがある。

（**4**）**遺伝的アルゴリズム**　**遺伝的アルゴリズム**（genetic algorithm, GA）は，複数の解によって構成される母集団を保持し，それらを突然変異および交叉させることによって集団の多様性を保ちながら，最適解を選択していく手法

である。この方法は，生物の進化論の類推にもとづくパラダイムによっている点，他の手法と異なる特徴がある。

　遺伝的アルゴリズムでは，染色体とも呼ばれる要素 x の集合を母集団 P と呼び，母集団を形成する要素に対して突然変異および交叉と呼ばれる操作を行う。これらの操作および要素の選択によって，母集団を構成する要素は変化し，つぎの世代の母集団を形成する。母集団は世代 $k = 0, 1, 2, \ldots$ の関数 $P(k)$ と表されるので，遺伝的アルゴリズムをつぎのように一般的に表すことができる。

アルゴリズム 4.8　遺伝的アルゴリズム

1) 初期母集団 $P(0)$ を与える。$k = 0$ とおく。

2) $P(k)$ の要素に交叉および突然変異を行い，得られた要素の全体を C とする（交叉および突然変異については後で説明する）。

3) $P(k) \cup C$ から $P(k)$ 個の要素を選択し，$P(k+1)$ とする（選択の方法については後で説明する）。

4) アルゴリズムの終了条件が満たされれば終了する。そうでなければ $k \leftarrow k+1$ とし，2) に戻る（終了条件としては，予め決められた繰り返し回数を超えたとき，過去何世代かにわたって母集団における最良解の改善がみられないときなどがある）。

（**a**）**突然変異**　　遺伝的アルゴリズムにおける突然変異とは，ある要素 $x \in P$ から別の要素を生成する操作である。典型的な操作は x の近傍の要素を一つ選ぶことである。例えば，ナップザック問題では $x = (x_1, \cdots, x_n)$ のある成分を $0 \leftrightarrow 1$ と反転させる操作，巡回セールスマン問題では $x = (i_1, \cdots, i_n)$ の二つの成分 i_k, i_ℓ を交換する操作は突然変異とみなすことができる。

（**b**）**交叉**　　突然変異は，近傍の解を選ぶ操作と考えられ，ほかのメタ戦略と共通のアイデアによっているが，交叉は二つの解 x, x' から新しい解（y, y' と書く）を作り出す作用であり遺伝的アルゴリズムに独特の操作である。交叉には，さまざまな方法がある。ここでは，ナップザック問題と先の巡

回セールスマン問題を用いて例示しよう。

例 4.7　(N)　ナップザック問題では $0, 1$ の列からなるベクトル $\boldsymbol{x} = (x_1,$ $\cdots, x_n)$, $\boldsymbol{x}' = (x_1', \cdots, x_n')$ から新たな解を作るとき，まず，ある成分 x_i を決める。この成分の前後を入れ替えて $\boldsymbol{y}, \boldsymbol{y}'$ を作る。すなわち

$$\boldsymbol{x} = (x_1, \cdots, x_i, x_{i+1}, \cdots, x_n), \ \boldsymbol{x}' = (x_1', \cdots, x_i', x_{i+1}', \cdots, x_n')$$
$$\Downarrow$$
$$\boldsymbol{y} = (x_1, \cdots, x_i, x_{i+1}', \cdots, x_n'), \ \boldsymbol{y}' = (x_1', \cdots, x_i', x_{i+1}, \cdots, x_n)$$

例えば，$\boldsymbol{x} = (1, 0, 0, 1, 1, 1, 0)$, $\boldsymbol{x}' = (0, 1, 1, 0, 1, 0, 1)$ とし，第 3 成分の後で交叉を行うとすると

$$\boldsymbol{x} = (1, 0, 0 \,|\, 1, 1, 1, 0), \ \boldsymbol{x}' = (0, 1, 1 \,|\, 0, 1, 0, 1)$$
$$\Downarrow$$
$$\boldsymbol{y} = (1, 0, 0 \,|\, 0, 1, 0, 1), \ \boldsymbol{y}' = (0, 1, 1 \,|\, 1, 1, 1, 0)$$

が得られる。この方法は 1 点を定めてその前後で交叉させるため，1 点交叉と呼ばれる。

例 4.8　(T)　巡回セールスマン問題では，解が順列で表現されるため，交叉は前の例よりも複雑になる。すなわち，交叉を行った結果も順列である必要がある。ここでは，例を用いて説明しよう。二つの順列

$$\boldsymbol{x} = (2, 3, 9, 6, 1, 7, 8, 5, 4), \quad \boldsymbol{x}' = (7, 4, 1, 2, 5, 6, 3, 9, 8)$$

から $\boldsymbol{y}, \boldsymbol{y}'$ を作るものとする。まず，交叉させる 1 点を決める必要があるが，これを第 5 成分の後とする。$\boldsymbol{y}, \boldsymbol{y}'$ の第 1〜5 成分はそれぞれ $\boldsymbol{x}, \boldsymbol{x}'$ の第 1〜5 成分を継承するものとする。すなわち，$\boldsymbol{y} = (2, 3, 9, 6, 1, *, *, *, *)$, $\boldsymbol{y}' = (7, 4, 1, 2, 5, *, *, *, *)$ となる。つぎに * で表された部分を決めるが，$\boldsymbol{y}$ ではこの部分は数字 $7, 8, 5, 4$ でなければならない。そこで，これらの数字を

x' におけるそれらの順序に従ってならべると $x' = (\underline{7}, \underline{4}, 1, 2, \underline{5}, 6, 3, 9, \underline{8})$ の下線部の順序によって $7, 4, 5, 8$ と並べ替えることができる。よって

$$y = (2, 3, 9, 6, 1 \mid 7, 4, 5, 8)$$

とする。同様に，y' における $6, 3, 9, 8$ の順序は $x = (2, \underline{3}, \underline{9}, \underline{6}, 1, 7, \underline{8}, 5, 4)$ を用いて

$$y' = (7, 4, 1, 2, 5 \mid 3, 9, 6, 8)$$

とする。

（**c**）**選　　択**　　母集団の各個体には適合度と呼ばれる評価値が与えられる。最適化問題の場合，適合度は目的関数の値をそのまま用いるのが最も単純であるが，選択の方法を考慮すると，目的関数の値を変換するほうがより一般的である。当然ではあるが，目的関数の値がよりよいほど適合度がより高いように変換される。

　遺伝的アルゴリズムでは，母集団から突然変異と交叉によって生成された要素の集合ともとの母集団とを合わせると要素数は増加しているので，もとの母集団の大きさ（N と書く）を維持するために選択を行う必要がある。一般的な方法は，適合度の高いものから順に N 個とる方法，適合度が高いものほど選択される確率が高くなるように乱数を発生させて個々の要素を選択する方法，あるいはそれらの組合せなどがある。

　遺伝的アルゴリズムに関して多くの変形や拡張，さらにはほかのメタ戦略との混合などが考察されている。遺伝的アルゴリズムは複雑な構成をもっているため，工夫をこらすほど性能が向上することが期待できる。また，遺伝的アルゴリズムが注目されている主な理由がもう一つある。それは，このアルゴリズムが生物学の遺伝法則の類推に基づいているため，生物における学習や自然淘汰の概念が遺伝的アルゴリズムにおいて利用でき，その一方で，生物学への貢献も期待できるのではないか，などの問題提起がなされているからである。このように，

遺伝的アルゴリズムは科学・工学における大きなアイデアの変化（パラダイム）にかかわっており，それゆえ多くの研究者に注目されている。情報科学では，遺伝的アルゴリズムのアイデアから生じた計算機構が進化計算（evolutionary computing）として研究されている。

章　末　問　題

【1】 例 4.1 において u_0 から $v_1 \sim v_3$ への最短路を求めよ。

【2】 図 4.1 の重み付きグラフにおいて**図 4.3** のように $w(v_2v_3) = 7$ と変更した場合の最短路を求めよ。

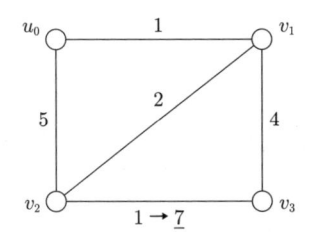

図 4.3 最短路計算例の変形

【3】 例 4.2 を実行した結果得られた最小木を図示せよ。

【4】 例 4.2 で，**図 4.4** のように $w(v_1v_2) = 5$ と変更した場合の最小木を求めよ。

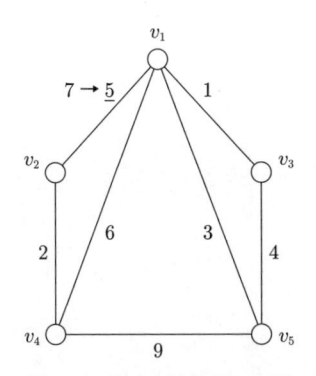

図 4.4 最小木計算例の変形

【5】 (1) 例 4.3 で述べたナップザック問題のグリーディ解法ではうまくいかない簡単な例を考えてみよ。

(2) 巡回セールスマン問題では，グリーディ解法として，とりあえずコストの
最も小さいところに行き，そこからまたコストの最も小さいところに行く，
ということを繰り返す方法が考えられる。この方法でうまく行かない例を
考えよ。

5 最適化のデータ解析への応用

　本章では，最適化の適用例としてデータ解析への応用をとりあげる。web 情報など大量データの蓄積とともに近年ますます注目されているデータ解析とデータマイニングには多岐にわたる技法があるが，ここでは比較的簡単な応用例として線形回帰，主成分分析，サポートベクトルマシンによる自動分類，教師なし分類で代表的なクラスター分析に限ってとりあげ，最適化の技法がどのように利用されているかに絞って述べる。より一般的なデータ解析の諸方法については，さまざまな入門書や専門書が出版されているので，そちらを参考にされたい。

5.1 線 形 回 帰

5.1.1 回 帰 直 線

　平面上にデータ点 $(x_1, y_1), \ldots, (x_N, y_N)$ が与えられたとする。つぎに入力 $\bar{x}$ だけが得られたとき，$\bar{x}$ から最良の出力 $\bar{y}$ を予測したい。予測式は一次式

$$y = ax + b$$

と仮定する。係数 a, b をどのように決めればよいか。

　ガウスやルジャンドルによって，与えられたデータに基づく予測値 $ax_i + b$ と実際の出力値 y_i の差の二乗和

$$F(a, b) = \sum_{i=1}^{N} (y_i - ax_i - b)^2$$

を最小にする解 a, b を利用することが提案された。**図 5.1** では点線で表された差の 2 乗和に相当する。これが今日まで最もよく利用されている**最小二乗法**である。

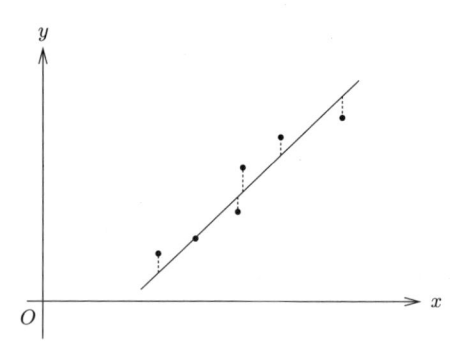

図 5.1　データ点と回帰直線

例題 5.1

(1) 最小二乗法による解 a, b は $\partial F/\partial a = 0$, $\partial F/\partial b = 0$ を解くことによって求められる。これらの計算を行い，解 a, b を求めるための連立方程式を導出せよ。

(2) この連立方程式を解いて最小二乗法による解 a, b を求めよ。

(3) 五つのデータ $(-2, 1)$, $(-1, 1)$, $(0, 0)$, $(1, -1)$, $(2, -1)$ について式 $y = ax + b$ を求め，図示せよ。

【解答】

(1) $\dfrac{\partial F}{\partial a} = 2 \sum_i x_i(ax_i + b - y_i) = 0$, $\dfrac{\partial F}{\partial b} = \sum_i (ax_i + b - y_i) = 0$ より

$$\left(\sum_{i=1}^{n} x_i^2\right)a + \left(\sum_{i=1}^{n} x_i\right)b = \sum_{i=1}^{n} x_i y_i$$

$$\left(\sum_{i=1}^{n} x_i\right)a + nb = \sum_{i=1}^{n} y_i$$

(2) $S_{x^2} = \displaystyle\sum_{i=1}^{n} x_i^2$, $S_{xy} = \displaystyle\sum_{i=1}^{n} x_i y_i$, $T_x = \displaystyle\sum_{i=1}^{n} x_i$, $T_y = \displaystyle\sum_{i=1}^{n} y_i$ とおくと

$$S_{x^2}a + T_xb = S_{xy}$$
$$T_xa + nb = T_y$$

これを解いて

$$a = \frac{nS_{xy} - T_xT_y}{nS_{x^2} - T_x^2}$$

$$b = \frac{S_{x^2}T_y - S_{xy}T_x}{nS_{x^2} - T_x^2}$$

(3) $a = -0.6$, $b = 0$ となる。グラフは省略するが，各自書いてみられたい。
この方法によって求められた直線 $y = ax + b$ を**回帰直線**という。   ◇

5.1.2 多次元の場合

上記は2次元の場合であるが，一般には $p \geqq 2$ 次元空間の議論がなされる。
このような多次元空間におけるデータ解析は多変量解析と呼ばれる。そこで，p
次元空間の点 $\boldsymbol{x}_k$ に実数 y_k が対応しているとする。$\boldsymbol{x}$ を入力変数，y を出力変
数という。求めるべき線形関係を

$$y = \boldsymbol{a}^\top \boldsymbol{x} + b = \boldsymbol{\alpha}^\top \boldsymbol{z}$$

とする。ここで，式を簡単化するため，$\boldsymbol{z}^\top = (\boldsymbol{x}^\top, 1)$, $\boldsymbol{\alpha}^\top = (\boldsymbol{a}^\top, b)$ とおいて
いる。最小化すべき目的関数は

$$\frac{1}{2}\sum_{k=1}^{N}(y_k - \boldsymbol{\alpha}^\top \boldsymbol{z}_k)^2$$

$\boldsymbol{z}_k^\top = (\boldsymbol{x}_k^\top, 1)$ であり，変数 $\boldsymbol{\alpha}$ には制約がないので，各成分について偏微分し
て結果をゼロとすればよい。すなわち，解くべき式は

$$\sum_{k=1}^{N}\boldsymbol{z}_k\boldsymbol{z}_k^\top \boldsymbol{\alpha} = \sum_{k=1}^{N}y_k\boldsymbol{z}_k$$

となり，左辺の行列が正則であるとすれば，解は

$$\boldsymbol{\alpha} = \left(\sum_{k=1}^{N}\boldsymbol{z}_k\boldsymbol{z}_k^\top\right)^{-1}\sum_{k=1}^{N}y_k\boldsymbol{z}_k$$

となる。

5.2 主成分分析

平面上にデータ点 $(x_1, y_1), \ldots, (x_N, y_N)$ が与えられたとする。x, y それぞれの平均値を

$$\bar{x} = \frac{1}{n} \sum_{i=1}^{N} x_i, \qquad \bar{y} = \frac{1}{n} \sum_{i=1}^{N} y_i$$

とし，$(\bar{x}, \bar{y})$ を通る直線 ℓ で，つぎの性質をもつものを考察する。

各 (x_i, y_i) から ℓ までの距離を h_i とする（(x_i, y_i) から ℓ に下した垂線との交点を $(\hat{x}_i(\ell), \hat{y}_i(\ell))$ とすれば $h_i = \sqrt{(x_i - \hat{x}_i(\ell))^2 + (y_i - \hat{y}_i(\ell))^2}$）。このとき

$$\sum_{i=1}^{N} h_i^2 \to \min$$

となる ℓ を求めたい。**図 5.2** の例では点線の 2 乗和を最小化することになる。図 5.1 との違いに注意しよう。

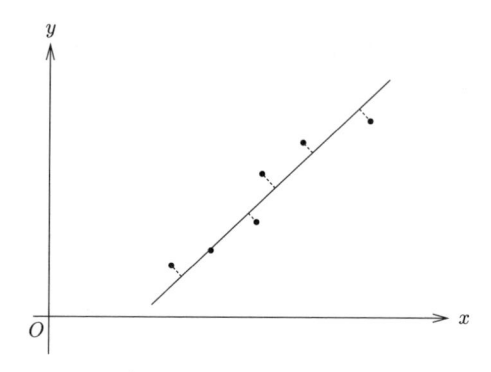

図 5.2 データ点と主成分

この問題は前の回帰直線の問題に似ているが，解法はまったく異なる。問題を簡単にするため

$$x'_i = x_i - \bar{x}, \qquad y'_i = y_i - \bar{y}$$

とおき，原点を通る直線 ℓ を考えることにする。

　この直線の方向を表す単位ベクトルを $z = (v, w)$ とする。いいかえれば，ベクトル z は ℓ 上にあり，長さは 1 である。このとき

$$x_i'^2 + y_i'^2 = h_i^2 + (x_i'v + y_i'w)^2$$

そこで，$\displaystyle\sum_{i=1}^{N} h_i^2 \to \min$ とするかわりに

$$J(\ell) = \sum_{i=1}^{N} (x_i'v + y_i'w)^2 \to \max$$

を考えればよい。

　$J(\ell)$ を最大化するときの制約条件は z が単位ベクトル

$$v^2 + w^2 = 1$$

であることである。

　よって，ラグランジュ乗数法を用いて

$$L = J(\ell) - \lambda(v^2 + w^2 - 1)$$

とおき

$$\frac{\partial L}{\partial v} = 0, \qquad \frac{\partial L}{\partial w} = 0$$

を解けばよい。

$$\frac{1}{2}\frac{\partial L}{\partial v} = \sum_{i=1}^{n} (x_i')^2 v + \sum_{i=1}^{N} x_i'y_i'w - \lambda v = 0$$

$$\frac{1}{2}\frac{\partial L}{\partial v} = \sum_{i=1}^{n} x_i'y_i'v + \sum_{i=1}^{N} (y_i')^2 w - \lambda w = 0$$

が得られる。

$$S = \begin{pmatrix} \sum_{i=1}^{N}(x_i')^2 & \sum_{i=1}^{N} x_i'y_i' \\ \sum_{i=1}^{N} x_i'y_i' & \sum_{i=1}^{N}(y_i')^2 \end{pmatrix}$$

とおく。$z = (v, w)^\top$ より

$$Sz = \lambda z$$

すなわち S の固有値問題が得られた。

よって，最適な ℓ の方向ベクトルはこの固有値問題の固有ベクトルであり，ラグランジュ乗数は固有値に一致する。S は半正定値行列であるので，固有値は非負である。容易にわかることであるが，最大固有値を選ぶとき，$J(\ell)$ が最大化される。

例題 5.2　回帰式の問で用いたのと同じ五つのデータ $(-2, 1)$, $(-1, 1)$, $(0, 0)$, $(1, -1)$, $(2, -1)$ について，主成分を計算するための行列 S と最大固有値を求めよ。さらに，固有ベクトルが満たす式を示せ。

【解答】　$S = \begin{pmatrix} 10 & -6 \\ -6 & 4 \end{pmatrix}$ より固有方程式は $\lambda^2 - 14\lambda + 4 = 0$ となる。最大固有値は $7 + 3\sqrt{5}$ で，対応する固有ベクトル $z = (x, y)$ は $2x + (1 + \sqrt{5})y = 0$ を満たす。なお，このとき，$y/x = -0.618\ldots$ で，回帰式の $a = -0.6$ に近いが少し異なる直線になる。　　　　　　　　　　　　　　　　　　　　　　$\diamondsuit$

この直線はデータの変動を最も誤差が少なく表現する方向を表し，方向ベクトルは主成分と呼ばれる。

空間が一般に p 次元のとき，データを $\boldsymbol{x}_1, \ldots, \boldsymbol{x}_N$ とする。平均値ベクトルを

$$\boldsymbol{m} = \frac{1}{N} \sum_{k=1}^{N} \boldsymbol{x}_k$$

積和行列を

$$S = \sum_{k=1}^{N} (\boldsymbol{x}_k - \boldsymbol{m})(\boldsymbol{x}_k - \boldsymbol{m})^\top$$

とするとき，先と同様に固有値問題

$$\mathcal{S}z = \lambda z$$

を考える。$\mathcal{S}$ が固有値がすべて非負であることに注意しよう。固有値の大きい
ものから順に $\lambda_1, \lambda_2, \ldots$ とし，対応する固有ベクトルを $z_1, z_2, \ldots$ とする。最
大固有ベクトルに対応する軸は先と同様の主軸であり，データが最大に変動す
る方向を表している。z_1, z_2 の二つをとれば，データが最大の変動する平面を
見つけることができる。平均 m を原点に移動したとき，この平面へデータを
射影したときの座標は $((x_k - m)^\top z_1, (x_k - m)^\top z_2)$ $(k = 1, 2, \ldots, N)$ と表
される。必ずしも平面には限らないが，このような射影は，データの可視化や
データ量の削減などの目的で用いられ，その有用性が情報，工学，心理などの
分野で確認されてきている。

例題 5.3　最大固有値を選ぶとき，$J(\ell)$ が最大化される理由を示せ。

【解答】　$J(\ell) = z^\top \mathcal{S}z$ において正規化された固有ベクトルを $z_1, \ldots, z_p$ とし，z_1
が最大固有値 λ_1 に対応しているとする。$z = a_1 z_1 + \cdots + a_p z_p$ と展開されると
する。$\|z\| = 1$ の条件より $a_1^2 + \cdots + a_p^2 = 1$ である。このとき

$$J(\ell) = z^\top \mathcal{S}z = (a_1 z_1 + \cdots + a_p z_p)^\top \mathcal{S}(a_1 z_1 + \cdots + a_p z_p)$$
$$= \lambda_1 a_1^2 + \cdots + \lambda_p a_p^2 \leq \lambda_1$$

が成立するので，$\lambda = \lambda_1 = \lambda_{\max}$（最大固有値）のとき，$J(\ell)$ が最大値をとる。　◇

5.3 自 動 分 類

図 5.3 のように，平面上で 2 群に分かれた点集合を考察しよう。二つの群は
白と黒で表されている。このとき，この平面を二つの領域に分割し，平面上に新
たな点が与えられたとき，それが片方の領域にはいるならば白と判定し，もう一
方に入るならば黒と判定する問題を**自動分類**問題，略して**分類**（classification）
あるいは**判別**（discrimination）の問題という。

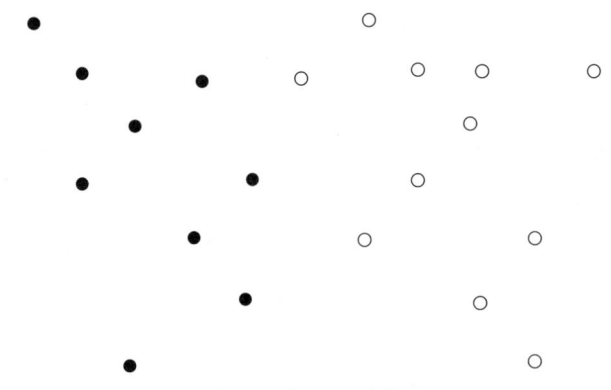

図 **5.3**　白と黒の点集合

　この問題の最も簡単な解法の一つは**最近隣分類**（nearest neighbor classifi-cation）というものであり，新たな点に最も近い既存の点が白ならば新たな点を白と判定し，それが黒ならば新たな点を黒と判定する方法である。

　この方法は単純であり，実際に利用されることも多いが，生成される分類領域とその境界（分類境界と呼ぶ）が複雑な形状となり，データにノイズが含まれている場合には有効ではないなどの指摘がされている。実際に，図 5.3 では直線で分類領域を分けることができそうであるが，再近隣分類ではそうならないし，黒の点群の真ん中に 1 点白の点がある場合，その周りに小さな白の領域が形成される。

　最近多くの研究によって有用であるとされているのは**サポートベクトルマシン**（support vector machine）と呼ばれる方法で，SVM と略称される。SVM は，分類境界の形状をある程度コントロールでき，ノイズに対応する技法を含み，かつ大量のデータに適用できる実績がある。

　SVM のさまざまな議論は本格的な専門書[15]にゆずり，ここでは最適化の枠組みがどのように利用されているかについて入門的な部分を概観しよう。

　まず，記号を導入する。$\Re^p$ を p 次元ユークリッド空間とし，二つの点集合 $x_1, \ldots, x_L \in \Re^p$, $x_{L+1}, \ldots, x_N \in \Re^p$ が与えられているとする。当面，$p = 2$ すなわち平面において，$x_k\ (k = 1, \ldots, L)$ は白の点，$x_l\ (l = L + 1, \ldots, N)$

は黒の点に対応するものとし，それぞれクラス 1，クラス 2 と呼ぶ。

いま，線形境界でクラス 1，クラス 2 を分類する簡単な場合を考察する。よって，線形境界は次式で表される。

$$\boldsymbol{w}^\top \boldsymbol{x} + b = 0 \tag{5.1}$$

ここで，$\boldsymbol{w} = (w_1, \ldots, w_p)^\top$ とスカラー b を変化させることによって，適切な境界を導出する。

図 5.3 のような場合，明らかに直線 (5.1) によって，完全に二つの領域に分けることができる。このような場合，単に二つに分けるだけではなく，**図 5.4** のように，式 (5.1) の両側に幅（マージン）をとり，このマージンを最大にすることを試みる。

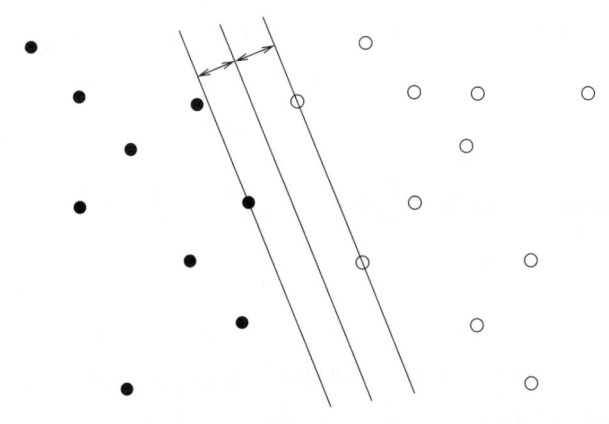

図 5.4　白と黒の点集合とマージン最大化

マージンを表す補助的な 2 直線を $\boldsymbol{w}^\top \boldsymbol{x} + b = 1$ および $\boldsymbol{w}^\top \boldsymbol{x} + b = -1$ とすると，2 群の点がマージンによって分けられるという条件は次式で表される。

$$\boldsymbol{w}^\top \boldsymbol{x}_k + b \geqq 1, \quad k = 1, \ldots, L$$
$$\boldsymbol{w}^\top \boldsymbol{x}_l + b \leqq -1, \quad l = L+1, \ldots, N$$

以下の記述を簡単化するため，補助変数 $z_k = 1$ $(k = 1, \ldots, L)$, $z_l = -1$ $(l = L+1, \ldots, N)$ を導入すると，上式をつぎのように一つにまとめることが

できる。

$$z_k(\boldsymbol{w}^\top \boldsymbol{x}_k + b) - 1 \geqq 0, \quad k = 1, \ldots, N.$$

なお，はじめにクラス 1 が初めの L 個，クラス 2 が後の $N - L$ 個としたが，このように並べておく必要はなく，代わりに z_k を 1 と -1 に切り替えればよいことがわかる。

ここで，任意の $\boldsymbol{x}$ から図 5.3 に立てた垂線の長さは

$$\frac{|\boldsymbol{w}^\top \boldsymbol{x} + b|}{\|\boldsymbol{w}\|}$$

であることに注意しよう。また，マージンすなわち二つの補助的な直線の距離を最大にするということは，$z_k(\boldsymbol{w}^\top \boldsymbol{x}_k + b) - 1 = 0$ をみたす $\boldsymbol{x}$ とが存在していることを意味する。このときマージンは $2/\|\boldsymbol{w}\|$ で与えられるからこれを最大化することになる。いいかえれば $\|\boldsymbol{w}\|^2$ を最小化すればよい。

これらをまとめると，つぎの最適化問題を解けばよいことになる。

$$\text{minimize} \quad J_p(\boldsymbol{w}, b) = \frac{1}{2}\|\boldsymbol{w}\|^2 \tag{5.2}$$

$$\text{subject to} \ \ z_k(\boldsymbol{w}^\top \boldsymbol{x}_k + b) - 1 \geqq 0 \quad (k = 1, \ldots, N) \tag{5.3}$$

この問題は，2 次形式を線形不等式制約のもとで解こうとするものであるから，狭義凸関数を凸集合上で最小化する問題の一種であり，最適解は例外的な場合を除いて一意に存在する。

この問題はラグランジュ乗数を用いてつぎの問題に変形される。

$$\min_{\boldsymbol{w}, b, \boldsymbol{\lambda}} L(\boldsymbol{w}, b, \boldsymbol{\lambda})$$

ここで

$$L(\boldsymbol{w}, b, \boldsymbol{\lambda}) = \frac{1}{2}\|\boldsymbol{w}\|^2 - \sum_{k=1}^{N} \lambda_k (z_k(\boldsymbol{w}^\top \boldsymbol{x}_k + b) - 1) \tag{5.4}$$

$$\boldsymbol{\lambda} = (\lambda_1, \ldots, \lambda_N)^\top$$

である。KKT 条件（Karush-Kuhn-Tucker 条件）から，つぎの式で最適解が満たすべき必要条件が得られる。

$$\nabla_{\boldsymbol{w}} L(\bar{\boldsymbol{w}}, \bar{b}, \bar{\boldsymbol{\lambda}}) = \bar{\boldsymbol{w}} - \sum_{k=1}^{N} \bar{\lambda}_k z_k \boldsymbol{x}_k = 0 \tag{5.5}$$

$$\frac{\partial L}{\partial b} = -\sum_{k=1}^{N} z_k \bar{\lambda}_k = 0$$

$$z_k(\bar{\boldsymbol{w}}^\top \boldsymbol{x}_k + \bar{b}) - 1 \geqq 0 \qquad (k = 1, \dots, N) \tag{5.6}$$

$$\bar{\lambda}_k(z_k(\bar{\boldsymbol{w}}^\top \boldsymbol{x}_k + \bar{b}) - 1) = 0 \qquad (k = 1, \dots, N) \tag{5.7}$$

$$\bar{\lambda}_k \geqq 0 \qquad (k = 1, \dots, N) \tag{5.8}$$

図 5.4 において太い直線の両側の二つの細い直線上にある点 x_j については式 (5.7) から一般に

$$z_j(\bar{\boldsymbol{w}}^\top \boldsymbol{x}_j + \bar{b}) - 1 = 0 \tag{5.9}$$

$$\lambda_j > 0 \tag{5.10}$$

であるが，直線上にない点 x_h では，$z_h(\bar{\boldsymbol{w}}^\top \boldsymbol{x}_h + \bar{b}) - 1 > 0$, $\lambda_h = 0$ が成立する。直線上にある点は比較的少なく，$\lambda_h = 0$ の数が多い。また，式 (5.9) において，λ_j が求まれば，式 (5.5) から $\bar{\boldsymbol{w}}$ が求まり，さらに式 (5.9) から $\bar{b}$ を決定することができる。

　一次制約 (5.3) をもつ二次形式 (5.2) の最適化問題は，直接最適化で解くことも可能であり，KKT 条件から解を求めることも一般的には可能であるが，双対性を利用して $\boldsymbol{\lambda}$ に関する二次計画問題（二次形式の最適化）から解を求めることが一般に行われている。

　双対問題について考察するため，式 (5.5) から得られる $\bar{\boldsymbol{w}} = \sum_{k=1}^{N} \bar{\lambda}_k z_k \boldsymbol{x}_k$ を式 (5.4) に代入して $\bar{\boldsymbol{w}}$ を消去すると，次式が得られる。

$$L(\bar{\boldsymbol{w}}, \bar{b}, \bar{\boldsymbol{\lambda}}) = -\frac{1}{2} \sum_{k,l=1}^{N} \bar{\lambda}_k \bar{\lambda}_l z_k z_l \boldsymbol{x}_k^\top \boldsymbol{x}_l + \sum_{k=1}^{N} \bar{\lambda}_k \tag{5.11}$$

同時に,式 (5.7) から

$$L(\bar{\boldsymbol{w}}, \bar{b}, \bar{\boldsymbol{\lambda}}) = \frac{1}{2}\|\bar{\boldsymbol{w}}\|^2 \tag{5.12}$$

が成り立つことにも注意しておこう.

いま,式 (5.11) における $\bar{\lambda}_k$ を変数 λ_k で置き換えた式を目的関数とし,KKT 条件における式 (5.5) と式 (5.8) を λ_k に対する制約条件とした最大化問題

$$\text{maximize} \quad J_d(\boldsymbol{\lambda}) = -\frac{1}{2}\sum_{k,l=1}^{N}\lambda_k\lambda_l z_k z_l \boldsymbol{x}_k^\top \boldsymbol{x}_l + \sum_{k=1}^{N}\lambda_k \tag{5.13}$$

$$\text{subject to} \quad \sum_{k=1}^{N} z_k\lambda_k = 0$$

$$\lambda_k \geqq 0 \quad (k=1,\ldots,N)$$

を元の最小化問題(主問題)である式 (5.2), (5.3) の双対問題という.

主問題と双対問題の間にはつぎの結果が成り立つことが知られている.

定理 5.1 $\boldsymbol{w} = \sum_{k=1}^{N}\lambda_k z_k \boldsymbol{x}_k$ が成立していると仮定するとき,主問題と双対問題の間につぎの二つの関係が成り立つ.

1. 主問題の任意の実行可能解 $\boldsymbol{w}, b$ と双対問題の任意の実行可能解 $\boldsymbol{\lambda}$ に対して

$$J_p(\boldsymbol{w}, b) \geqq J_d(\boldsymbol{\lambda}) \tag{5.14}$$

2. 主問題の最適解 $\bar{\boldsymbol{w}}, \bar{b}$ と双対問題の最適解 $\bar{\boldsymbol{\lambda}}$ に対して

$$J_p(\bar{\boldsymbol{w}}, \bar{b}) = J_d(\bar{\boldsymbol{\lambda}}). \tag{5.15}$$

逆に,式 (5.15) を満たす $\bar{\boldsymbol{w}}, \bar{b} \; \bar{\boldsymbol{\lambda}}$ はそれぞれ主問題と双対問題の解となる.

証明 $\boldsymbol{w} = \sum_{k=1}^{N}\lambda_k z_k \boldsymbol{x}_k$ と $\sum_k \lambda_k z_k = 0$ に注意すると

$$J_p(\boldsymbol{w}, b) \geqq \frac{1}{2}\|\boldsymbol{w}\|^2 - \sum_{k=1}^{N} \lambda_k (z_k(\boldsymbol{w}^\top \boldsymbol{x}_k + b) - 1)$$

$$= -\frac{1}{2} \sum_{k,l} \lambda_k \lambda_l z_k z_l \boldsymbol{x}_k^\top \boldsymbol{x}_l - \sum_k \lambda_k z_k b + \sum_k \lambda_k = J_d(\boldsymbol{\lambda})$$

であるから，式 (5.14) が成立つ。

つぎに，もし式 (5.15) が成立すれば，式 (5.14) から明らかに等式を成立させる $\bar{\boldsymbol{w}}$, $\bar{b}$, $\bar{\boldsymbol{\lambda}}$ は最適である。ところで，KKT 条件を満たす $\bar{\boldsymbol{w}}$, $\bar{b}$, $\bar{\boldsymbol{\lambda}}$ は式 (5.12) から

$$J_p(\bar{\boldsymbol{w}}, \bar{b}) = L(\bar{\boldsymbol{w}}, \bar{b}, \bar{\boldsymbol{\lambda}}) = J_d(\bar{\boldsymbol{\lambda}})$$

を満たしているから，明らかに最適である。　　　　　　　　　　　　□

$\boldsymbol{\lambda}$ に関する問題は次元が高いようであるが，式 (5.7) から $\lambda_h = 0$ となる成分が多く，形も簡単なため解を求めやすいことが知られている。実際に解を求めるには **SMO**（Sequential Minimal Optimization）という二つの変数だけを動かして最適解を求めることを繰り返すアルゴリズムが用いられるが，これについては原論文[†] にゆずり，ここでは説明を省略する。

また，最適な $\bar{\boldsymbol{w}}$, $\bar{b}$ が得られた後，新たにデータ $\boldsymbol{x}$ を得たとき，このデータをどちらのクラスに分けるかは明らかにつぎのルールで決められる。

$$f(\boldsymbol{x}) = \bar{\boldsymbol{w}}^\top \boldsymbol{x} + \bar{b}$$

とし，$f(\boldsymbol{x}) > 0$ ならば $\boldsymbol{x}$ はクラス 1 にはいると判定し，$f(\boldsymbol{x}) < 0$ ならばクラス 2 にはいると判定する。

5.3.1　線形分離できない場合

実際には，図 **5.5** のように線形分離できない場合も多い。

このような場合には二つの考え方がある。一つ目は，線形分離できない点は誤分類とみなし，はじめの方法に準じて線形分類を行う方法である。この場合，誤分類される点にはペナルティを施して誤分類を少なくする。そこで，つぎの問題を考える。

[†]　J.C. Platt, 1998, A Fast Algorithm for Training Support Vector Machines

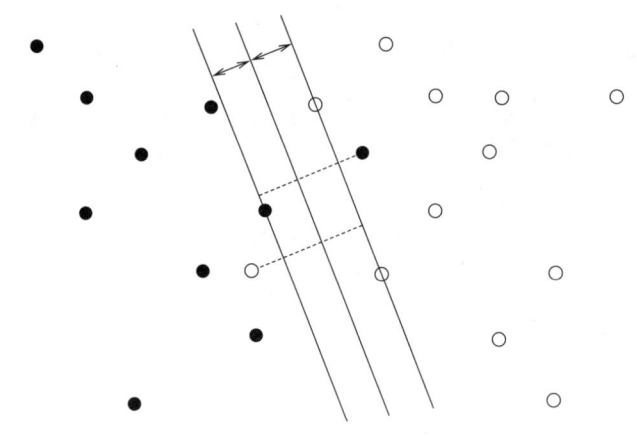

図 **5.5**　線形分離できない例

$$\text{minimize} \quad \|\boldsymbol{w}\|^2 + \gamma \sum_{k=1}^{N} \xi_k$$

$$\text{subject to} \quad z_k(\boldsymbol{w}^\top \boldsymbol{x}_k + b) - 1 + \xi_k \geqq 0 \quad (k = 1, \ldots, N)$$

ここで，$\boldsymbol{\xi} = (\xi_1, \ldots, \xi_N)$ はペナルティを表す変数で各成分 $\xi_k \geqq 0$ $(k = 1, \ldots, N)$ である。また，$\gamma > 0$ はペナルティの大きさを調節するパラメータで，適宜与えておく必要がある。

この問題に対するラグランジュ関数は

$$L(\boldsymbol{w}, b, \boldsymbol{\xi}, \boldsymbol{\lambda}, \boldsymbol{\nu}) = \frac{1}{2}\|\boldsymbol{w}\|^2 + \gamma \sum_{k=1}^{N} \xi_k$$
$$- \sum_{k=1}^{N} \lambda_k(z_k(\boldsymbol{w}^\top \boldsymbol{x}_k + b) - 1 + \xi_k) - \sum_{k=1}^{N} \nu_k \xi_k$$

で与えられる。KKT 条件も先と同様に導くことができ，次式が得られる。

$$\bar{\boldsymbol{w}} - \sum_{k=1}^{N} \bar{\lambda}_k z_k \boldsymbol{x}_k = 0$$

$$\sum_{k=1}^{N} z_k \bar{\lambda}_k = 0$$

$$\gamma - \bar{\lambda}_k - \bar{\nu}_k = 0$$

$$z_k(\bar{\boldsymbol{w}}^\top \boldsymbol{x}_k + \bar{b}) - 1 + \bar{\xi}_k \geqq 0 \quad (k = 1, \ldots, N)$$

$$\bar{\lambda}_k(z_k(\bar{\boldsymbol{w}}^\top \boldsymbol{x}_k + \bar{b}) - 1 + \bar{\xi}_k) = 0 \quad (k = 1, \ldots, N)$$

$$\bar{\lambda}_k \geqq 0, \ \bar{\nu}_k \geqq 0 \quad (k = 1, \ldots, N)$$

双対問題も先の場合と同様に導出され，つぎの最適化問題となる。

$$\text{maxmize} \quad -\frac{1}{2} \sum_{k,l=1}^{N} \lambda_k \lambda_l z_k z_l \boldsymbol{x}_k^\top \boldsymbol{x}_l + \sum_{k=1}^{N} \lambda_k$$

$$\text{subject to} \quad \sum_{k=1}^{N} z_k \lambda_k = 0$$

$$0 \leqq \lambda_k \leqq \gamma \quad (k = 1, \ldots, N)$$

$\bar{\boldsymbol{\lambda}}$ が求められれば，KKT 条件から $\bar{\nu}_k, \bar{\boldsymbol{w}}, \bar{\xi}_k, \bar{b}$ が順次求まることに注意しておこう。

5.3.2 カーネル関数を用いた非線形分類境界

線形分離できない場合の対処法で，積極的に非線形境界を求める方法として正定値カーネル関数を利用する方法が知られている。この方法は関数空間論に基づくもので，その理論は高度であるため，厳密な解説は難しいが，その概略を述べておく。

カーネル関数を利用する方法では，高次元写像と呼ぶつぎの写像 $\Phi(\boldsymbol{x})$ を用いる。

$$\boldsymbol{x} \mapsto \Phi(\boldsymbol{x}) = (\phi_1(\boldsymbol{x}), \phi_2(\boldsymbol{x}), \ldots)$$

ここで，$\Phi(\boldsymbol{x})$ が属する空間は無限次元の内積空間であるが，実際はその詳細を知る必要はなく，$\Phi(\boldsymbol{x})$ の形も知る必要はない。ただし，任意の $\boldsymbol{x}, \boldsymbol{y}$ に対して $\Phi(\boldsymbol{x})$ と $\Phi(\boldsymbol{y})$ の内積 $\Phi(\boldsymbol{x})^\top \Phi(\boldsymbol{y})$ の値は 2 変数の既知の関数 $K(\boldsymbol{x}, \boldsymbol{y})$ として与えられている必要がある。

$$K(\boldsymbol{x}, \boldsymbol{y}) = \Phi(\boldsymbol{x})^\top \Phi(\boldsymbol{y}) = \phi_1(\boldsymbol{x})\phi_1(\boldsymbol{y}) + \phi_2(\boldsymbol{x})\phi_2(\boldsymbol{y}) + \cdots$$

このような関数 $K(x, y)$ としてよく用いられるものに多項式カーネル

$$K(\boldsymbol{x}, \boldsymbol{y}) = (1 + \boldsymbol{x}^\top \boldsymbol{y})^q$$

やガウシアンカーネル

$$K(\boldsymbol{x}, \boldsymbol{y}) = \exp(-\alpha \|\boldsymbol{x} - \boldsymbol{y}\|^2)$$

などがあり，どのような条件があればカーネル関数として利用可能かも深く研究されているが，ここでは省略する。

さて，カーネルを用いた場合については，$\boldsymbol{x}$ を $\Phi(\boldsymbol{x})$ で置き換えたものについて考察すればよい。ペナルティのない場合を記すと，$\boldsymbol{w}$ は

$$\sum_{k=1}^{N} w_k \Phi(\boldsymbol{x}_k)$$

で置き換えられるため，主問題は

$$\begin{aligned}
\text{minimize} \quad & \sum_{k,l=1}^{N} w_k w_l \Phi(\boldsymbol{x}_k)^\top \Phi(\boldsymbol{x}_l) = \sum_{k,l=1}^{N} w_k w_l K(\boldsymbol{x}_k, \boldsymbol{x}_l) \\
\text{subject to} \quad & z_k \bigl(\sum_{l=1}^{N} w_l \Phi(\boldsymbol{x}_l)^\top \Phi(\boldsymbol{x}_k) + b\bigr) - 1 \\
& = z_k \bigl(\sum_{l=1}^{N} w_l K(\boldsymbol{x}_l, \boldsymbol{x}_k) + b\bigr) - 1 \geqq 0 \quad (k = 1, \dots, N)
\end{aligned}$$

の形となる。ここで，正定値カーネルとは，どのような $\boldsymbol{x}_k$ $(k = 1, \dots, N)$ についても行列 $(K(\boldsymbol{x}_l, \boldsymbol{x}_k))$ の固有値が非負であるという意味であり，3 章で述べたように，目的関数は凸関数である[†]。

ラグランジュ関数は

$$L = \frac{1}{2} \sum_{k,l=1}^{N} w_k w_l K(\boldsymbol{x}_k, \boldsymbol{x}_l) - \sum_{k=1}^{N} \lambda_k \{ z_k \bigl(\sum_{l=1}^{N} w_l K(\boldsymbol{x}_l, \boldsymbol{x}_k) + b\bigr) - 1 \}$$

[†] 固有値が正ではなく非負なので，厳密には半正定値カーネルと呼ぶべきかもしれないが，通常は正定値カーネルと呼ばれている。

KKT 条件から

$$\sum_{k=1}^{N} \bar{w}_k K(\boldsymbol{x}_k, \boldsymbol{x}_l) - \sum_{k=1}^{N} \bar{\lambda}_k z_k K(\boldsymbol{x}_l, \boldsymbol{x}_k) = 0 \qquad (l = 1, \ldots, N)$$

の関係が得られ，双対問題の目的関数は

$$\sum_{k=1}^{N} \lambda_k - \frac{1}{2} \sum_{k,l=1}^{N} \lambda_k \lambda_l z_k z_l \Phi(\boldsymbol{x}_k)^{\top} \Phi(\boldsymbol{x}_l)$$

$$= \sum_{k=1}^{N} \lambda_k - \frac{1}{2} \sum_{k,l=1}^{N} \lambda_k \lambda_l z_k z_l K(\boldsymbol{x}_k, \boldsymbol{x}_l)$$

となる。正定値の性質から，双対問題の目的関数は凹関数であることがわかる。

双対問題の解法は線形境界の場合と同様であるが，新たなデータ $\boldsymbol{x}$ が得られた場合，これを二つのクラスのどちらに割り当てるかは関数

$$f(\boldsymbol{x}) = \sum_{k=1}^{N} \bar{\lambda}_k z_k K(\boldsymbol{x}_k, \boldsymbol{x}) + \bar{b}$$

の正負により判定することになる。

5.4 クラスター分析

SVM では，二つに分かれたデータ群から分類境界を求める問題を考察した。分類の問題では，クラスをあらかじめ与えずに分類する「教師なし分類」の問題も考察されている。教師なし分類の方法のなかでもクラスター分析技法は長年研究されていると同時に，近年ますます注目されてきている。ここでは，クラスター分析技法のなかで最もよくとりあげられる K-means 法について解説する。

クラスター分析は，データ集合を構成する対象の間に距離が定義されていると仮定して，集合をクラスターと呼ぶグループに分割する技法である。このとき，同一クラスター内の個体間では距離が小さく，異なるクラスターに属する個体間では距離が大きくなるようにする。

　図 **5.6** のように，平面上の点集合が二つの自然なグループに分かれている場合，これらをクラスター分析の技法で二つに分割することは容易なようであり，また実際後に述べる K-means 法で適切に分割することができる。しかしながら一般的には，高次元空間内の点集合を図示することはできず，またそれらをクラスターに分けるにあたってはさまざまな問題が生じる。ここではクラスター分析の諸問題を解説することはできず，それらは専門書[17]にゆずり，簡単な技法の入門を述べるにとどめる。

図 5.6　平面上の点集合。自然に二つ
のクラスターに分けられる。

　いま，p 次元ユークリッド空間 $\mathfrak{R}^p$ 内の個体集合 $X = \{x_1, \ldots, x_N\}$ が与えられているとする。個体間の距離はユークリッド距離そのものよりも，ユークリッド距離の 2 乗とする。

　個体集合を K 個のクラスターに分割する問題を以下では考察するが，記号としてクラスターを G_i $(i = 1, \ldots, K)$ と表す。G_i は以下の条件を満たすものとする。

$$\bigcup_{i=1}^{K} G_i = X, \quad G_i \cap G_j = \emptyset \qquad (i \neq j) \tag{5.16}$$

式 (5.16) は，すべての個体はどれかただ一つのクラスターに所属することを意味している。また，クラスターの重心と X の重心を

$$m(G_i) = \frac{1}{|G_i|} \sum_{x_k \in G_i} x_k$$

$$m(X) = \frac{1}{N} \sum_{k=1}^{N} x_k$$

とする。$|G_i|$ は G_i の個体数である。

また，ユークリッド距離の 2 乗については，つぎの性質が成立つ。

$$\sum_{i=1}^{K} \sum_{x_k \in G_i} \|\boldsymbol{x}_k - m(G_i)\|^2 + |G_i| \sum_{i=1}^{K} \|m(G_i) - m(X)\|^2$$

$$= \sum_{k=1}^{N} \|\boldsymbol{x}_k - m(X)\|^2 \tag{5.17}$$

式 (5.17) が正しいことは簡単な直接計算で確認できるので，詳細は略す。

先に，同一クラスター内では，個体間の距離が近く，異なるクラスター間では個体の距離が大きくなるようにすると述べたが，K-means では，このことの代わりに重心への近さを基準とする。式 (5.17) の右辺はクラスターの選び方によらないが，左辺は，同じクラスター内での個体とクラスターとの距離をすべての個体とクラスターについて和をとった第 1 項と，クラスターの重心と全体の重心との距離の重み付き和を表す第 2 項からなっており，第 1 項を小さくするようなクラスターを選べば，第 2 項の重心間の距離が大きくなることを表している。そこで，K-means では，つぎに示すように，第 1 項を小さくすることを考える。

そこでまず，K-means の簡単なアルゴリズムを示そう。K-means では，クラスター数 K はあらかじめ与えられていると仮定する。

アルゴリズム 5.1 K-**means アルゴリズム（KM）**

KM0) 初期クラスター中心としてランダムに X から K 個の点（個体）を選んでクラスター G_i の中心 $\boldsymbol{v}_i$ $(i = 1, \dots, K)$ とする。

KM1) すべての個体 $\boldsymbol{x}_k$ $(k = 1, \dots, N)$ について，$\boldsymbol{x}_k$ を最も近いクラスターに割り当てることを繰り返す。

$$\text{If } l = \arg \min_{1 \leq j \leq K} \|\boldsymbol{x}_k - \boldsymbol{v}_j\|^2, \text{ then } \boldsymbol{x}_k \to G_l. \tag{5.18}$$

KM2) クラスターの中心を重心として計算する。

$$\boldsymbol{v}_i = m(G_i) \quad (i = 1, \dots, K) \tag{5.19}$$

KM3) クラスターが収束していれば終了。そうでなければ **KM1)** に戻る。

なお，収束条件の詳細についてはここでは省略するが，一つ前の中心との距離，クラスターへの所属性の違いなどが用いられる。また，クラスター数 K をあらかじめどのように与えれば適切なのかはクラスター分析において本質的な問題であるが，本書の程度を超えるため，専門書[17] をみられたい。

5.4.1　K-means と交互最適化

アルゴリズム 5.1 は直接的には最適化を指向したものではないが，これを再定式化することで，最適化との関連がわかるようになる。そこでいま，$N \times K$ 行列 $U = (u_{ki})$ と，クラスター中心を並べた行列 $V = (\boldsymbol{v}_1, \ldots, \boldsymbol{v}_K)$ を導入し，つぎの形の目的関数を考察してみる。

$$J(U, V) = \sum_{i=1}^{K} \sum_{k=1}^{N} u_{ki} \|\boldsymbol{x}_k - \boldsymbol{v}_i\|^2 \tag{5.20}$$

U については，つぎの制約条件を設ける。

$$M_c = \{U = (u_{ki}) : u_{ki} \in \{0, 1\}, \forall k, i; \ \sum_{i=1}^{K} u_{ki} = 1, \forall k\} \tag{5.21}$$

この制約条件は，すべての個体 $\boldsymbol{x}_k$ について，$\boldsymbol{x}_k$ はどれか一つだけのクラスター i に所属することを $u_{ki} = 1$ で表している（$u_{ki} = 0$ はクラスター i には属さないことを表す）。したがって，この条件は式 (5.16) と同じ意味である。

つぎに，以下の「逐次交互最適化」を考察しよう。

アルゴリズム 5.2 逐次交互最適化アルゴリズム（AM）

AM0) V の初期値を適宜与え，$\bar{V}$ とする。

AM1) $\min_{U \in M_c} J(U, \bar{V})$ すなわち $V = \bar{V}$ と固定し，U についての最適化を行う。最適解を $\bar{U}$ とおく。

AM2) $\min_{V} J(\bar{U}, V)$ すなわち $U = \bar{U}$ と固定し，V についての最適化を行う。最適解を $\bar{V}$ とおく。

AM3) U あるいは V が収束すれば終了。そうでなければ **AM1)** に戻る。

ここで，V についての制約条件はない。いいかえれば $V \in \Re^{N \times K}$。

さて，交互最適化 **AM** は K-means アルゴリズムと同一の内容であることがわかる。まず，**AM1)** では最適解は明らかに

$$\bar{u}_{ki} = 1 \Leftrightarrow i = \arg \min_{1 \leq j \leq K} \|\boldsymbol{x}_k - \boldsymbol{v}_j\|^2$$

で与えられるから，**KM1)** における式 (5.18) と同じである。ただし

$$G_i = \{\boldsymbol{x}_k \in X : u_{ki} = 1\}$$

とおいている。

つぎに **AM2)** において最適解が $\bar{\boldsymbol{v}}_i = m(G_i)$ $(i = 1, \ldots, K)$ を満たすことは明らかであり，**KM2)** における式 (5.19) と一致する。

このように K-means アルゴリズムを逐次交互最適化で再定式化することには 2 種類の意味がある。一つは，これから理論的結果が得られることである。二つ目は，K-means を変形したアルゴリズムが導けることである。これらについてみていこう。

定理 5.2 K-means アルゴリズムは有限回の繰り返しの後，収束する。ただし，収束条件としては，繰り返しにおける一つ前のクラスターと，後のクラスターのメンバーが変わらないことを利用する。また，目的関数 (5.20) の値が変化しない場合は，クラスターのメンバーは変化させないものとする。

証明 交互最適化によって，目的関数の値は単調に減少する。また，クラスターへの分割の仕方の組合せは，莫大であるとしても有限個である。したがって，目的関数の値が単調減少するということは，同じ分割はそのなかに複数回現れることはないから，有限回の繰り返しの後収束することになる。 $\Box$

ただし，分割の組合せは大変大きな数になるので，この定理が実際的な繰り返しの上限を与えるわけではない。

5.4.2　Fuzzy K-means 法

　ファジィクラスタリングと呼ばれる技法のなかで，最もよく知られているのが fuzzy K-means 法である[†]。この技法は K-means を変形してファジィネスすなわちクラスターへの所属度にあいまいさをもたせたものであるが，その議論は上に述べた交互最適化にもとづいている。

　クラスターにファジィネスを導入する動機付けとして，クラスターの中間にある個体をどう扱うかの問題がある。例えば図 **5.7** の左の七つの点集合を二つのクラスターに分けるとすると，真ん中にある個体は，左右どちらのクラスターに所属させるとしても不自然で，同じ図の右に示したように，むしろ所属性がどちらも 0.5 であるほうが適切であるというような場合である。このような例はごく普通に表れるため，ファジィネスの導入が自然と考えられる。Fuzzy K-means 法におけるファジィネスは，u_{ki} を 0/1 に限定しないという形をとるもので，制約条件はつぎのように拡張される。

$$M_f = \{U = (u_{ki}) \mid u_{ki} \in [0,1], \forall k, i; \sum_{i=1}^{K} u_{ki} = 1, \forall k\} \qquad (5.22)$$

式 (5.21) と比べると，$u_{ki} \in \{0,1\}$ が $u_{ki} \in [0,1]$ に変わっただけであるが，0 と 1 の中間の所属度を許容することでファジィネスが導入されている。そこで，最適化

$$\min_{U \in M_f} J(U, \bar{V}) \qquad (5.23)$$

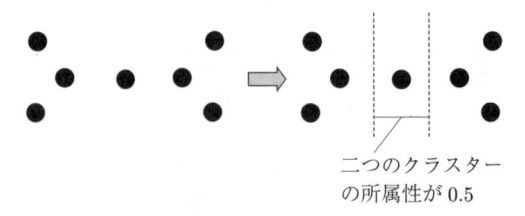

二つのクラスター
の所属性が 0.5

図 **5.7**　ファジィクラスターの説明のための図

[†]　クラスターの数を c と表し，fuzzy c-means 法と呼ばれることのほうが多い。

を考えてみる。これで適切なファジィ解が得られれば目的は果たされるようであるが，そうはならない。最適化問題 (5.23) の解はファジィではなく，K-means 法の解と同じになる。なぜなら，目的関数 $J(U, V)$ は u_{ki} に関して線形であるため，2 章にあった線形計画法の基本定理から制約条件の端点が最適解となるため，$u_{ki} = 0$ または $u_{ki} = 1$ が成立するからである。したがって，目的関数は u_{ki} に関して非線形でなければファジィな解は得られない。

Dunn や Bezdek は $J(U, V)$ における u_{ki} を $(u_{ki})^m$ $(m > 1)$ で置き換えることで，fuzzy K-means の目的関数と交互最適化アルゴリズムを提案した。目的関数を

$$J_m(U, V) = \sum_{i=1}^{K} \sum_{k=1}^{N} (u_{ki})^m \|\boldsymbol{x}_k - \boldsymbol{v}_i\|^2 \quad (m > 1)$$

とし，U の制約条件は M_f，交互最適化はある初期値 $\bar{V}$ のもとで

$$\min_{U \in M_f} J_m(U, \bar{V}) \tag{5.24}$$

と

$$\min_{V} J_m(\bar{U}, V) \tag{5.25}$$

を U または V が収束するまで繰り返すこととなる。

最適化 (5.24) の最適解は

$$\bar{u}_{ki} = \frac{\|\boldsymbol{x}_k - \bar{\boldsymbol{v}}_i\|^{-2/(m-1)}}{\displaystyle\sum_{j=1}^{K} \|\boldsymbol{x}_k - \bar{\boldsymbol{v}}_j\|^{-2/(m-1)}} \tag{5.26}$$

式 (5.25) の最適解は

$$\bar{\boldsymbol{v}}_i = \frac{\displaystyle\sum_{k=1}^{N} (\bar{u}_{ki})^m \boldsymbol{x}_k}{\displaystyle\sum_{k=1}^{N} (\bar{u}_{ki})^m} \tag{5.27}$$

となる。式 (5.24) の導出は，ラグランジュ乗数法を用いるが，詳細は略す。また，$x_k = \bar{v}_i$ となったとき，分子が無限大となり式に特異性が生じるように見えるが，分母分子に同じ項があるので相殺され，実際には特異になることはない。

　そこで，これらの最適解の計算を解が収束するまで繰り返せばよい。

　Fuzzy K-means 法はファジィネスを含まない通常の K-means 法に比べて初期値の変化に対する結果の変動性が少ないといわれており，多くの現実の問題において有用と考えられている。

章　末　問　題

【**1**】　平面上に 3 点 $x_1 = (\frac{1}{2}, \frac{1}{2})$, $x_2 = (0, 1)$, $x_3 = (-1, 0)$ があり，x_1 はクラス 1 に，残りの 2 点はクラス 2 にはいっているとする。図示すれば簡単にわかるようにこの 2 クラスを分ける最大マージンの式は $w_1 x_1 + w_2 x_2 + b = x_1 - x_2 = 0$ すなわち $w = (1, -1)$, $b = 0$ である。このとき，これらの w, b に対して KKT 条件を満たす λ が存在することを示せ。また，λ は何次元のベクトルか。

【**2**】　四つの点が平面上にあり，それらの座標は $x_1 : (2, 1)$, $x_2 : (2, -1)$, $x_3 : (-2, 1)$, $x_4 : (-2, -1)$ であるとする。

　(1)　これらの点を K-means で二つのクラスターに分けることにする。ただし，初期値として初期クラスター中心を $v_1 = x_1$, $v_2 = x_3$ と選んだ場合に得られるクラスターを示せ。

　(2)　つぎに，初期中心を $v_1 = x_1$, $v_2 = x_2$ とした場合はどうなるか示せ。

　(3)　この問題は初期値の選び方によって異なるクラスターが得られることを示している。【**2**】(1) と【**2**】(2) では，【**2**】(1) のほうが適切とみられるが，数量的にこの適切性を示すにはどうすればよいか考察せよ。

【**3**】　【**2**】と同じく四つの点が平面上にあり，座標は $x_1 : (2, 1)$, $x_2 : (2, -1)$, $x_3 : (-2, 1)$, $x_4 : (-2, -1)$ でであるとする。これらを fuzzy K-means で二つのファジィクラスターに分けたとき，【**2**】で得られる $G_1 = \{x_1, x_2\}$ と $G_2 = \{x_3, x_4\}$ に近い，すなわちクラスター 1 では x_1, x_2 の値が高く x_3, x_4 の値が低い，またクラスター 2 では x_1, x_2 の値が低く x_3, x_4 の値が高い，というファジィクラスターが得られたと仮定する。このとき，クラスター中心 v_1 と v_2 はどのあたりにあると予想されるか。おおよそについて述べよ。

6 補足：NP 完全性について

　ソーティングなどで計算時間のオーダーに言及したが，このような形式による計算効率の評価を**計算複雑さ**（computational complexity）の考察という。

　計算複雑さの議論の中心となるのが NP 完全性の理論である。以下にこの理論のごく概略について述べよう。ここでは正確さを求めず，ややおおざっぱな記述にとどめる。

　ソーティングや最短路などの問題は要素の数に比べて比較的短い時間で解けるが，それに対してつぎに述べるナップザック決定問題や充足可能性問題は最悪の場合，計算複雑さが変数の指数オーダーあるいはそれ以上になりそうである。

　じつは前の問題は**多項式オーダー**（polynomial order）で解けるという意味で**クラス P**（class P）に属するといい，後の問題は以下に述べる意味で非決定的計算モデルで多項式オーダーであるという意味で，**クラス NP**（class NP）に属するという。また，クラス NP の中で，以下に述べる意味で最も難しいクラスの問題を **NP 完全**（NP-complete）という。

　クラス NP は P を含むことは以下にみるように容易にわかる。その逆，NP に属する問題が P にも属するかどうかが大問題で，一見したところクラス NP は P よりもはるかに広いようだが，じつは問題「P = NP ?」は肯定的にも否定的にも解決されていない。

　（1）　充足可能性問題　　$x_1, x_2, \ldots, x_n$ がブール値変数であるとする。これらの論理関数

$$f(x_1, x_2, \ldots, x_n) = (\ell_i \wedge \cdots \wedge \ell_j) \vee (\ell_p \wedge \cdots \wedge \ell_q) \vee \cdots \vee (\ell_s \wedge \cdots \wedge \ell_t)$$

（ただし，$\ell = x$ あるいは $\ell = \neg x$）が $x_1, x_2, \ldots, x_n$ の値 $(0/1)$ を適当に選ぶことによって $f(x_1, x_2, \ldots, x_n) = 1$ となり得る（充足可能）かどうかを判定する問題である。

　この問題は NP 完全性の理論においてキーの役割を果たす。

（2）　0/1 ナップザック決定問題　　与えられた実数 Y, Z について，つぎの式を満たす変数の組 $x_1, \ldots, x_n$ があるかどうかを決定する問題を 0/1 ナップザック決定問題という。

$$\sum_{\ell \leq i \leq j} p_i x_i \leq Y$$

$$\sum_{\ell \leq i \leq j} w_i x_i \leq Z$$

$$x_i = 0 \text{ or } x_i = 1 \quad (\ell \leq i \leq j)$$

この問題も NP 完全であることが知られている。

（3）　計算のモデル　　計算複雑さに関して厳密な議論を行うには，どのような計算のモデルを用いるのかを規定しなければならない。われわれが通常使用する計算機にはメモリの制限がある，アクセスに時間がかかる場合とそうでない場合がある，など理論的考察には障害となるさまざまな制約がある。そこで，計算のモデルとして理想的な計算機が考えられている。通常考察されるのは，Turing 機械である。Turing 機械に関する記述は省略するが，われわれが通常使用するコンピュータにメモリの制約をなくするなどの理想化を行ったモデルと同等であることがわかっている。ここで Turing 機械というときは，上記のように理想化された通常のコンピュータのモデルであると考えることにしよう。

（4）　クラス P　　ある問題を記述するとき，問題の規模，例えば変数やデータの数に対して計算量を評価する。問題の規模を n と書く。ある問題を解くアルゴリズムが問題の規模の多項式オーダーの時間であるとき，その問題はクラス P に属するという。より正確にいえば，「あるプログラムと正数 p があって，その問題の任意の例（個別問題）について計算量が $O(n^p)$ であるとき，そ

の問題はクラスPに属する」という。

　ソーティングの問題には最悪の場合でも $O(n \log n)$ のアルゴリズムがあり，最短路問題には $O(n^2)$ のアルゴリズムがあるから，クラスPにはいる。クラスPという分け方は大ざっぱで，$O(n^5)$ でも $O(n \log n)$ でもクラスPであることに変わりはない。

（5） 非決定性機械とクラスNP　　通常のプログラミング言語につぎの命令を追加する。

$$\mathrm{choice}(L_1, L_2, \ldots, L_n)$$

これは，ラベル $L_1, L_2, \ldots, L_n$ のどれかを選び，そのラベルがついた文に制御を移す命令である。どのラベルを選ぶかの基準は与えられないので，この命令を用いるアルゴリズムは非決定的である。

　いま，アルゴリズムの終了が yes か no かどちらかの判定であると仮定する。答が yes か no かの判定である問題を決定問題あるいは判定問題という。プログラムでこの命令に出会うと，すべての選択を並列に実行すると考え，すべての選択肢のどれかでアルゴリズムが yes の答が出たとき，この問題の答が yes であるとし，選択肢のすべてにおいて no のとき，問題の答は no であるとする。

　ある問題（の任意の例）が，上記の非決定的アルゴリズムによって多項式オーダーの時間で解けるとき，その問題はクラスNPに属するという。非決定的アルゴリズムとは，無限個数の並列機械があって，解の候補をすべて並列に同じアルゴリズムで処理することができる，と考えてもよい。

　また別のいい方をすると，クラスNPの問題とは，「ある解の候補が任意に与えられたとき，通常の決定的機械によって，それが実際に解であるかどうかを多項式オーダーの時間で確かめることができる」とも述べることができ，この説明がわかりやすい。

　（1）の充足可能性問題と（2）の0/1ナップザック決定問題がクラスNPに属することは容易にわかる。充足可能性問題では，$x_1, \ldots, x_n$ にすべての 0/1 の組合せを並列に与え，その中に問題の条件 $f(x_1, \ldots, x_n) = 1$ を満たすもの

があるかどうかチェックすればよい。ナップザック決定問題では，やはり，変数 $x_1, \ldots, x_n$ にすべての $0/1$ の組合せを並列に与え，その中に，問題の制約条件を満たすものがあるかどうか調べればよい。これらのチェックが並列にできるとするならば，その各々が多項式時間でできることは明らかである。

（**6**）　**多項式還元可能性**　　この定義は NP 完全性を論じる前提として必要である。決定問題 Q_1 と Q_2 に対して，Q_1 から Q_2 へ多項式還元可能とはつぎの二つの条件が満たされる場合をいう。

(1)　Q_1 の任意の個別問題 q を Q_2 の問題 $f(q)$ に変換する多項式時間（決定的）アルゴリズムが存在する。

(2)　q の答が yes のときかつそのときに限り $f(q)$ の答が yes である。

Q_1 から Q_2 へ多項式還元可能であるとき，$Q_1 \propto Q_2$ と書く。

このことをおおざっぱに述べると，「Q_1 の問題を解くときに，Q_2 の問題をサブルーチンとして使って解くことができる」ということができる。多項式時間の差を無視すれば，Q_1 はたかだか Q_2 と同等の時間で解ける。したがって，Q_2 は Q_1 と同等あるいは Q_1 よりも難しい。

関係 $\propto$ は推移的，すなわち

$$Q_1 \propto Q_2 \text{ かつ } Q_2 \propto Q_3 \text{ ならば } Q_1 \propto Q_3.$$

を満たす。

問題 Q があって，NP に属する任意の問題が Q に還元可能であるとき，Q は **NP 困難**（NP-hard）であるという（Q は NP のどの問題よりも難しい）。NP 困難でかつ NP に属する問題を **NP 完全**（NP-complete）という。そんな問題がそもそも存在するのかと思われるかも知れないが，じつは，応用上重要な多くの問題が NP 困難あるいは NP 完全である。

（**7**）　**Cook の定理**　　Cook の定理によれば「充足可能性問題は NP 完全である」が，証明は難しい。省略するが，証明の方針は，任意の非決定的プログラムを充足可能性問題に還元できることを示すことによる。そのために，非決定的プログラムの各命令と各ステップを充足可能性問題でシミュレートする。

つぎに，ある問題 Q' が NP 完全であることを示すには，Q' が NP に属し，

かつ，それまでに NP 完全であることが示された問題 Q が Q' に還元可能であることを示せばよい（Q' を解くアルゴリズムをサブルーチンに使って Q を解く）。例えば，NP に属する問題の列 $Q_1 \sim Q_k$ があって，Q_j をサブルーチンとして Q_{j-1} を解くことができ，かつ Q_1 が充足可能性問題であるとする。また，Q_k がナップザック決定問題であるならば，ナップザック決定問題は NP 完全であることが示されたことになる。後に挙げる参考書[20]では，実際にどのような問題の列を用いるかが示されている。

この方法で，多くの決定問題が NP 困難あるいは NP 完全であることが知られている。また，上の定義からすべての NP 完全問題は同等の難しさをもつ。興味深いのは，効率のよいアルゴリズムが見つかっていない問題で応用上重要な問題の多くが NP 困難あるいは NP 完全であることである。

（8）決定問題と最適化問題　　例として 0/1 ナップザック問題には最適化問題と 0/1 ナップザック決定問題があったことを思い出そう。前者は最適解を見いだす問題で，後者は答が yes か no かである。NP に関する議論では，決定問題を考察するが，理論的には，「最適解の十分な近似」を認めることにすれば，計算量の問題からは，決定問題と最適化問題の間には余り差はない。例えば，つぎの最適化問題を考える。

$$\text{minimize} \quad f(x_1, \ldots, x_n)$$
$$\text{subject to} \quad g(x_1, \ldots, x_n) \leq Z$$
$$x_i = 0 \text{ or } 1 \quad (i = 1, \ldots, n)$$

これに対する決定問題はつぎの式を満たす $x_1, \ldots, x_n$ が存在するかどうかを判定する問題となる。

$$f(x_1, \ldots, x_n) \leq Y$$
$$g(x_1, \ldots, x_n) \leq Z$$
$$x_i = 0 \text{ or } 1 \quad (i = 1, \ldots, n)$$

決定問題を多項式回数繰り返せば，最適化問題の解を十分な精度で近似するこ

とができる。そのための一つの方法としては，まず，no の答が出るような十分小さな Y_1 と yes の答が出るような大きな Y_2 を見いだし，$Y_3 = (Y_1 + Y_2)/2$ として，決定問題を解く。答が no なら，$Y_4 = (Y_2 + Y_3)/2$ として $[Y_3, Y_2]$ を調べる。答が yes なら $Y_4 = (Y_1 + Y_3)/2$ として $[Y_1, Y_3]$ を調べる（はさみうち法）。これを繰り返すと区間が前の 1/2 に逐次狭まり，最適解はこの区間に含まれているので，最適解を近似することができる。M 回繰り返すと初めの区間の 2^{-M} に縮小されることに注意しよう。

　例えば，ナップザック問題において，各係数が整数で，かつすべての係数の値が係数の個数に比べてそれほど大きくない区間におさまっているならば，上記の操作で最適化問題自体が解けることがわかるので，この最適化問題自体も NP 完全であることがわかる。

引用・参考文献

本書を記述するにあたって参考にした文献の中から，いくつかを示しておく。

線形計画法および非線形計画法の章では，主に

1) George Bernard Dantzig: Linear Programming and Extensions, RAND (1963)

2) George Bernard Dantzig, 小山昭雄訳：線型計画法とその周辺, ホルト・サウンダース (1983) （1) の和訳，現在は絶版）

3) 今野浩, 山下浩：非線形計画法, 日科技連 (1978)

4) 森口繁一：線形計画法入門, 日科技連 (1957)

5) 萩原宏, 西原清一：現代データ構造とプログラム技法, オーム社 (1987)

6) 坂和正敏：経営数理システムの基礎, 森北出版 (1991)

7) 茨木俊秀：離散最適化法とアルゴリズム, 岩波書店 (1993)

8) システム制御情報学会編, 福島雅夫：数理計画入門, 朝倉書店 (1996)

9) 天谷賢治：工学のための最適化手法入門, 数理工学社 (2008)

10) 電子情報通信学会編, 山下信雄, 福島雅夫：数理計画法, コロナ社 (2008)

11) 加藤直樹：数理計画法, コロナ社 (2008)

を参考にした。

組合せ最適化問題の章では

12) 茨木 俊秀：組合せ最適化の理論, 電子通信学会 (1979)

13) A. V. Aho, J. E. Hopcroft, J. D. Ullman: The Design and Analysis of Computer Algorithms, Addison-Wesley (1974)

14) G. Chartrand, L. Lesniak: Graphs & digraphs (2nd ed.) Wadsworth Publ. Co. Belmont (1986) （現在は 6th edition）

を参考にした。

最適化のデータ解析への応用の章では，サポートベクトルマシーンによる分類について

15) V. N. Vapnik: Statistical Leaning Theory, Wiley (1998)

16) 栗田多喜夫の Web ページ

http://home.hiroshima-u.ac.jp/tkurita/lecture/svm/index.html

（2017 年 11 月 11 日閲覧）
などが参考になる。クラスター分析については著者の 1 名による

17) 宮本定明：クラスター分析入門，森北出版 (1990)
を挙げさせていただく。

　また，補足の NP 完全性については

18) 萩原宏, 西原清一：現代データ構造とプログラム技法, pp.15–19, オーム社 (1987)

19) E. Horowitz, S. Sahni: Fundamentals of Computer Algorithms, pp.501–547, Computer Science Press (1978)

20) M. Garey, D. Johnson: Compters and Intractability: A Guide to the Theory of NP-Completeness (1979)

21) A. V. Aho, J. E. Hopcroft, J. D. Ullman: The Design and Analysis of Computer Algorithms, Addison-Wesley (1974)
を参考にしている。

　以上，古い文献が多いが，いずれも有用であると思われるので，興味のある読者は図書館で閲覧されることをお勧めしたい。

　また，最適化のデータ解析への応用の章ではアルゴリズムの詳細は述べていないところがあるが，例えば SVM については LIBSVM と呼ばれるフリーソフトウェアがよく知られており，ほかの技法についてもフリーで利用できるプログラムが存在する。興味のある読者は自ら Web サーチをされれば容易にそれらをみつけることができよう。

索　　引

―― 著 者 略 歴 ――

遠藤 靖典（えんどう　やすのり）
1990年　早稲田大学理工学部電子通信学科卒業
1994年　早稲田大学助手
1995年　早稲田大学大学院理工学研究科博士
　　　　後期課程修了（電気工学専攻）
　　　　博士（工学）
1997年　東海大学講師
2001年　筑波大学講師
2004年　筑波大学助教授〜准教授
2013年　筑波大学教授
　　　　現在に至る

宮本 定明（みやもと　さだあき）
1973年　京都大学工学部数理工学科卒業
1975年　京都大学大学院工学研究科修士課程
　　　　修了（数理工学専攻）
1978年　京都大学大学院工学研究科博士課程
　　　　修了（数理工学専攻）
　　　　工学博士
1978年　筑波大学研究専従技官（準研究員）
1981年　筑波大学講師
1987年　筑波大学助教授
1990年　徳島大学教授
1994年　筑波大学教授
2017年　筑波大学名誉教授

最適化の基礎

Introduction to Optimization Methods © Yasunori Endo, Miyamoto Sadaaki 2018

2018 年 3 月 20 日　初版第 1 刷発行　　　　　　　　　　　　　　　　★

検印省略	著　者	遠　藤　靖　典
		宮　本　定　明
	発 行 者	株式会社　コ ロ ナ 社
		代 表 者　牛 来 真 也
	印 刷 所	三 美 印 刷 株 式 会 社
	製 本 所	有限会社　愛 千 製 本 所

112-0011　東京都文京区千石 4-46-10
発 行 所　株式会社　コ ロ ナ 社
CORONA PUBLISHING CO., LTD.
Tokyo Japan
振替 00140-8-14844・電話(03)3941-3131(代)
ホームページ　http://www.coronasha.co.jp

ISBN 978-4-339-02884-3　C3055　Printed in Japan　　　　（大井）

シミュレーション辞典

日本シミュレーション学会 編
A5判／452頁／本体9,000円／上製・箱入り

◆**編集委員長**　大石進一（早稲田大学）
◆**分 野 主 査**　山崎　憲（日本大学）,寒川　光（芝浦工業大学）,萩原一郎（東京工業大学）,
矢部邦明（東京電力株式会社）,小野　治（明治大学）,古田一雄（東京大学）,
小山田耕二（京都大学）,佐藤拓朗（早稲田大学）
◆**分 野 幹 事**　奥田洋司（東京大学）,宮本良之（産業技術総合研究所）,
小俣　透（東京工業大学）,勝野　徹（富士電機株式会社）,
岡田英史（慶應義塾大学）,和泉　潔（東京大学）,岡本孝司（東京大学）

（編集委員会発足当時）

> シミュレーションの内容を共通基礎，電気・電子，機械，環境・エネルギー，生命・医療・福祉，人間・社会，可視化，通信ネットワークの８つに区分し，シミュレーションの学理と技術に関する広範囲の内容について，1ページを1項目として約380項目をまとめた。

Ⅰ　**共通基礎**（数学基礎／数値解析／物理基礎／計測・制御／計算機システム）
Ⅱ　**電気・電子**（音　響／材　料／ナノテクノロジー／電磁界解析／VLSI設計）
Ⅲ　**機　械**（材料力学・機械材料・材料加工／流体力学・熱工学／機械力学・計測制御・生産システム／機素潤滑・ロボティクス・メカトロニクス／計算力学・設計工学・感性工学・最適化／宇宙工学・交通物流）
Ⅳ　**環境・エネルギー**（地域・地球環境／防　災／エネルギー／都市計画）
Ⅴ　**生命・医療・福祉**（生命システム／生命情報／生体材料／医　療／福祉機械）
Ⅵ　**人間・社会**（認知・行動／社会システム／経済・金融／経営・生産／リスク・信頼性／学習・教育／共　通）
Ⅶ　**可視化**（情報可視化／ビジュアルデータマイニング／ボリューム可視化／バーチャルリアリティ／シミュレーションベース可視化／シミュレーション検証のための可視化）
Ⅷ　**通信ネットワーク**（ネットワーク／無線ネットワーク／通信方式）

本書の特徴

　1. シミュレータのブラックボックス化に対処できるように，何をどのような原理でシミュレートしているかがわかることを目指している。そのために，数学と物理の基礎にまで立ち返って解説している。

　2. 各中項目は，その項目の基礎的事項をまとめており，１ページという簡潔さでその項目の標準的な内容を提供している。

　3. 各分野の導入解説として「分野・部門の手引き」を供し，ハンドブックとしての使用にも耐えうること，すなわち，その導入解説に記される項目をピックアップして読むことで，その分野の体系的な知識が身につくように配慮している。

　4. 広範なシミュレーション分野を総合的に俯瞰することに注力している。広範な分野を総合的に俯瞰することによって，予想もしなかった分野へ読者を招待することも意図している。

定価は本体価格+税です。
定価は変更されることがありますのでご了承下さい。

||||||||||||||||||||||||||||　**図書目録進呈◆**

コンピュータサイエンス教科書シリーズ

（各巻A5判）

■編集委員長　曽和将容
■編集委員　　岩田　彰・富田悦次

配本順		著者	頁	本体
1.	(8回)	情報リテラシー	立花　康夫／曽和　将容／春日　秀雄 共著	234	2800円
2.	(15回)	データ構造とアルゴリズム	伊藤　大雄著	228	2800円
4.	(7回)	プログラミング言語論	大山口　通夫／五味　弘 共著	238	2900円
5.	(14回)	論理回路	曽和　将容／範　公可 共著	174	2500円
6.	(1回)	コンピュータアーキテクチャ	曽和　将容著	232	2800円
7.	(9回)	オペレーティングシステム	大澤　範高著	240	2900円
8.	(3回)	コンパイラ	中田　育男監修／中井　央著	206	2500円
10.	(13回)	インターネット	加藤　聰彦著	240	3000円
11.	(4回)	ディジタル通信	岩波　保則著	232	2800円
12.	(16回)	人工知能原理	加納　政芳／山田　雅之／遠藤　守 共著	232	2900円
13.	(10回)	ディジタルシグナルプロセッシング	岩田　彰編著	190	2500円
15.	(2回)	離散数学 —CD-ROM付—	牛島　和夫編著／相利　民一／朝廣　雄一 共著	224	3000円
16.	(5回)	計算論	小林　孝次郎著	214	2600円
18.	(11回)	数理論理学	古川　康一／向井　国昭 共著	234	2800円
19.	(6回)	数理計画法	加藤　直樹著	232	2800円
20.	(12回)	数値計算	加古　孝著	188	2400円

以下続刊

3.	形式言語とオートマトン	町田　元著
9.	ヒューマンコンピュータインタラクション	田野　俊一／高野健太郎 共著
14.	情報代数と符号理論	山口　和彦著
17.	確率論と情報理論	川端　勉著

定価は本体価格＋税です。
定価は変更されることがありますのでご了承下さい。

図書目録進呈◆

リスク工学シリーズ

（各巻A5判）

■編集委員長　岡本栄司
■編集委員　内山洋司・遠藤靖典・鈴木　勉・古川　宏・村尾　修

定価は本体価格＋税です。
定価は変更されることがありますのでご了承下さい。